集成电路产业知识赋能工程系列丛书

卓越工程师培养计划·电子技术

常用模拟集成电路
经典应用 150 例

杜树春 编著

U0217731

电子工业出版社

Publishing House of Electronics Industry

北京·BEIJING

内 容 简 介

集成电路是现代信息社会的基石，广泛应用于电子测量、自动控制、通信、计算机等信息科技领域。集成电路可以分为模拟集成电路、数字集成电路和混合信号集成电路三类。本书以实例讲解的方式介绍常用模拟集成电路的使用方法，由大量的模拟集成电路经典应用实例组成。本书共分7章，主要内容包括传感器、电压模式集成运算放大器、电流模式集成运算放大器、跨导运算放大器、模拟乘法器、电压比较器、集成稳压电源电路的应用。本书侧重于各种应用电路的调试与仿真，较少涉及公式推导，在部分实例中会将测试结果与理论计算值进行比较。

本书既适合从事电子产品设计的工程技术人员阅读使用，也适合广大电子技术爱好者自学使用，还可作为高等学校相关专业的教学用书。

图书在版编目（CIP）数据

常用模拟集成电路经典应用150例／杜树春编著．—北京：电子工业出版社，2021.4
（集成电路产业知识赋能工程系列丛书）
ISBN 978-7-121-40883-0

Ⅰ．①常…　Ⅱ．①杜…　Ⅲ．①模拟集成电路　Ⅳ．①TN431.1

中国版本图书馆 CIP 数据核字（2021）第 055143 号

责任编辑：张　剑（zhang@phei.com.cn）
印　　刷：北京天宇星印刷厂
装　　订：北京天宇星印刷厂
出版发行：电子工业出版社
　　　　　北京市海淀区万寿路173信箱　邮编　100036
开　　本：787×1 092　1/16　印张：13.25　字数：339千字
版　　次：2021年4月第1版
印　　次：2024年12月第6次印刷
定　　价：59.90元

凡所购买电子工业出版社图书有缺损问题，请向购买书店调换。若书店售缺，请与本社发行部联系，联系及邮购电话：(010)88254888，88258888。

质量投诉请发邮件至 zlts@phei.com.cn，盗版侵权举报请发邮件至 dbqq@phei.com.cn。

本书咨询联系方式：zhang@phei.com.cn。

前　言

集成电路（Integrated Circuit，IC）是指通过一系列特定的加工工艺，将晶体管、二极管等有源器件和电阻器、电容器等无源元件，按照一定的电路互连，"集成"在半导体（如硅或砷化镓等化合物）晶片上，封装在一个外壳内，执行特定功能的电路或系统。

集成电路已经在各行各业中发挥着非常重要的作用，是现代信息社会的基石。集成电路广泛应用于电子测量、自动控制、通信、计算机等信息科技领域。集成电路可以分为模拟集成电路、数字集成电路和混合信号集成电路三类。

本书介绍常用模拟集成电路的使用方法，由大量的模拟集成电路经典应用实例组成。本书最大特色是采用 Proteus 软件对每一个实例进行仿真，这种分析方法比传统的调试方法优越得多。传统方法是用实际的集成电路和电阻器、电容器等连接起来进行调试，而本书采用的方法是：先用 Proteus 软件绘制电路原理图，然后进行仿真调试，调试好后再按照调试结果将实际集成电路和电阻器、电容器等焊接起来。这种"纸上谈兵"式的调试方法可大大加快开发进度，降低开发费用。

本书共分 7 章，主要内容包括传感器、电压模式集成运算放大器、电流模式集成运算放大器、跨导运算放大器、模拟乘法器、电压比较器、集成稳压电源电路的应用。本书侧重于各种应用电路的调试与仿真，较少涉及公式推导，在部分实例中会将测试结果与理论计算值进行比较。本书既适合从事电子产品设计的工程技术人员阅读使用，也适合广大电子技术爱好者自学使用，还可作为高等学校相关专业的教学用书。

为便于读者阅读、学习，特提供本书范例的下载资源，请访问华信教育资源网（www.hxedu.com.cn）下载该资源。需要说明的是：为了与软件实际操作的结果保持一致，书中未对由软件生成的截屏图进行标准化处理。

本书所用仿真工具软件是 Protues 8.0，书中所有实例均在 Proteus 8.0 下调试过。对于初次接触 Proteus 软件的读者，在阅读本书前应对该软件进行初步了解。用 Protues 软件绘制电路原理图时应注意：电容单位 μF、nF、pF 分别写为 u、n、p；电阻单位中的 Ω 无法表示出来，只能省略，如用"100"表示 100Ω、"4.7k"表示 $4.7k\Omega$ 等；在文字符号中无法使用下标，如"R_F"只能表示为"RF"、"C_1"只能表示为"C1"等。

在本书编写过程中，参考了许多国内外的图书和文献资料，也得到了电子工业出版社张剑编审的指导和帮助，在此表示衷心的感谢！

由于作者水平有限，书中难免存在疏漏或错误之处，敬请广大读者批评指正。

编著者

目　　录

第1章 传 感 器

传感器是一种检测装置，它能感受到被测量的信息，并将感受到的信息按一定规律变换为电信号或其他所需形式的信号输出，以满足信息的传输、处理、存储、显示、记录和控制等要求。

传感器的发展方向是微型化、数字化、智能化、多功能化、系统化、网络化、集成化等。传感器是实现自动检测和自动控制的关键，它让物体有了"触觉""味觉"和"嗅觉"等功能，让物体慢慢"活"了起来。通常根据传感器的基本感知功能，可将其分为热敏元件、光敏元件、气敏元件、力敏元件、磁敏元件、湿敏元件、声敏元件、放射线敏感元件、色敏元件和味敏元件等十几大类。

 ## 1.1 光传感器

光传感器有许多优点，如非接触和非破坏性测量，几乎不受干扰，以及可遥测、遥控等。光传感器主要包括一般光学计量仪器、激光干涉式传感器、光栅、编码器及光纤式传感器等，主要用于检测目标物是否出现，或者各种工业控制、汽车电子和零售自动化设备的运动检测。光传感器主要分为光学图像传感器、透射型光学传感器、光学测量传感器、反射型光学传感器等。

1.1.1 光照度传感器 TSL251

TSL251 是常用的光照度传感器，其输出电压正比于输入光照度，采用单电源供电方式，电源电压为 $+3\sim+9\text{V}$。TSL251 的主要技术参数见表 1-1。TSL251 的内部结构如图 1-1 所示，TSL250RD 和 TSL251RD 的输出电压和光照度的关系图如图 1-2 所示。

表 1-1　TSL251 的主要技术参数

参　　数	数　　值
输入光照度/（mW/cm^2）	$0\sim200$
输出电压/V	$0\sim3$

在图 1-2 中：横坐标是光照度 E_e，单位是 $\mu\text{W/cm}^2$；纵坐标是 U_O-U_D，单位是 V。图 1-2 所示的是在电源电压为 $+5\text{V}$、波长为 640nm 单色光照射下的测试结果。TSL251 的输出电压由下式确定：

$$U_O = U_D + R_e E_e$$

式中，U_O 为输出电压，U_D 为黑暗条件下（$E_e = 0$）的输出电压，R_e 为给定波长光的器件响应度，E_e 为光照度。

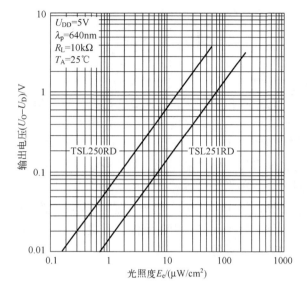

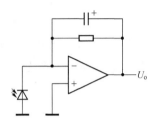

图 1-1   TSL251 的内部结构   图 1-2   TSL250RD 和 TSL251RD 的输出电压和光照度的关系图

根据 TSL251RD 的数据手册可知：U_D 的取值范围为 0～10mV，典型值为 5mV；给定波长 $\lambda_p = 640\text{nm}$ 时，$R_e = 16\text{mV}/（\mu\text{W/cm}^2）$；当 $E_e = 124\mu\text{W/cm}^2$ 时，U_O 的取值范围为 1.5～2.5V，典型值为 2V。当使用的不是 $\lambda_p = 640\text{nm}$ 的单色光时，所得结果与这里给出的结果稍有出入。

> **说明**
>
> 有一个与"光照度"相对应的量——"辐照度"。光照度是指可见光的照度，单位是勒克斯（lx），$1\text{lx} = 1\text{lm/m}^2$；辐照度是指包括可见光、红外线、紫外线、X 射线、γ 射线的照度，单位是 W/cm^2、mW/cm^2、$\mu\text{W/cm}^2$。光照度也可以采用 mW/cm^2 等作为单位，但辐照度不能采用 lx 作为单位。

【例 1.1】 图 1-3 所示为 TSL251RD 测试电路的仿真电路图。TSL251RD 的输出引脚 VOUT 接虚拟直流电压表，观察 TSL251RD 的输出电压变化情况。

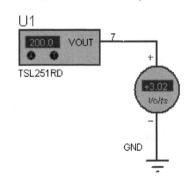

解： 将 TSL251RD 上预置框中的数字（通过上下箭头按钮）调到最大值 200.0mW/cm²，执行仿真，虚拟直流电压表就会显示 +3.02V，如图 1-3 所示；再将 TSL251RD 上预置框中的数字调到最小值 0.0mW/cm²，执行仿真，虚拟直流电压表就会显示 +0.0V。可见，TSL251RD 光照度传感器可将 0～200.0mW/cm² 的光照度输入信号转换为 0～3.0V 电压信号。

图 1-3   TSL251RD 测试
电路的仿真电路图

1.1.2 红外测距传感器 GP2D12

GP2D12 是具有模拟电压输出的红外测距传感器，采用单电源供电方式，电源电压为+4.5～+5.5V。它的可测量距离为 10～80cm，对应的输出电压为 2.4～0.4V，输出电压与距离成反比，且非线性。GP2D12 的实物图和引脚图如图 1-4 所示。GP2D12 的输出电压和反射目标距离之间的关系如图 1-5 所示。

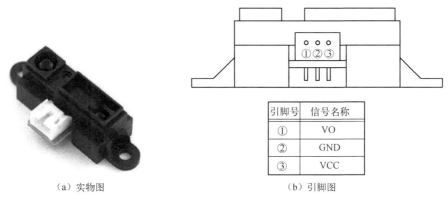

引脚号	信号名称
①	VO
②	GND
③	VCC

（a）实物图　　　　　　　　　　（b）引脚图

图 1-4　GP2D12 的实物图与引脚图

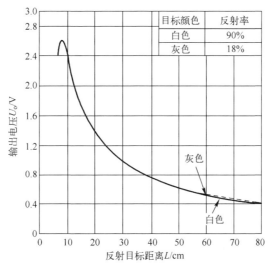

目标颜色	反射率
白色	90%
灰色	18%

图 1-5　GP2D12 的输出电压和反射目标距离之间的关系

【例 1.2】 图 1-6 所示为 GP2D12 测试电路的仿真电路图。GP2D12 的 VCC 引脚接+5V，GND 引脚接地，输出引脚 VO 接虚拟直流电压表，观察 GP2D12 的输出电压变化情况。

解：将 GP2D12 上预置框中的数字（通过上下箭头按钮）调到最大值 80.0cm，执行仿真，虚拟直流电压表就会显示+0.41V，如图 1-6 所示；再将 GP2D12 上预置框中的数字调到最小值 10.0cm，执行仿真，虚拟直流电压表就会显示+2.35V。由此可见，GP2D12 可将 10.0～80.0cm 的距离输入信号转换为+2.35～

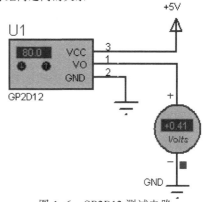

图 1-6　GP2D12 测试电路的仿真电路图

+0.41V电压信号，所以知道 GP2D12 输出电压值后就可计算出对应的距离。

光照度传感器 TSL251 和红外测距传感器 GP2D12 在机器人、电动玩具、自动检测和自动控制等领域有着广泛的应用。

1.2　热敏电阻器和光敏电阻器

1.2.1　热敏电阻器

按照温度系数的不同，热敏电阻器分为正温度系数热敏电阻器（Positive Temperature Coefficient，PTC）和负温度系数热敏电阻器（Negative Temperature Coefficient，NTC）。热敏电阻器的特点是对温度敏感，在不同的温度下表现出不同的电阻值。对于正温度系数热敏电阻器（PTC），温度越高，电阻值越大；对于负温度系数热敏电阻器（NTC），温度越高，电阻值越小。

1. 正温度系数热敏电阻器

正温度系数热敏电阻器（PTC）泛指具有正温度系数的热敏电阻或材料，可专门用作恒定温度传感器。PTC 的特点是，当温度超过某一温度时，其电阻值随着温度的升高而急剧增加，如图 1-7 所示。

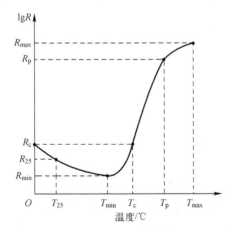

R_{min}：最小电阻值，PTC可呈现的最小电阻值
R_{max}：最大电阻值，PTC所能达到的最大电阻值
T_c：居里温度，为R_{min}2倍电阻值时所对应的温度
R_c：开关电阻值，居里温度对应的电阻值
T_{max}：最大温度，PTC达到R_{max}时所对应的温度
T_p：最大工作温度，工作范围内的上限温度
T_{min}：最小温度，PTC呈现R_{min}时的温度
T_{25}：标准室温25℃
R_p：最大工作电阻值，与T_P对应的电阻值
R_{25}：室温电阻值，与T_{25}对应的电阻值

图 1-7　PTC 电阻值与温度之间的关系

PTC 的主要参数有以下 3 个。

☺ 额定零功率电阻（标称电阻）：在 25℃ 环境温度、不给 PTC 加电的情况下测得的电阻值。

☺ 最小电阻：最小零功率电阻。

☺ 额定功率：PTC 在规定的技术条件下长期连续负荷所允许的消耗功率，通常是指 25℃ 时的额定功率。

【例 1.3】图 1-8 所示为正温度系数热敏电阻器 PTC-NICKEL 的功能测试电路的仿真电路图，图中串接的直流电源电压为+1.5V，用毫安表测量回路电流。PTC-NICKEL

旁边的长方框中的数字代表环境温度，可通过上下箭头按钮改变其中的数字，从而"改变"环境温度。

首先，把长方框中的数字设置为25.00，表示环境温度为25℃。用Proteus软件进行仿真，可以测出电路中的电流，电流表显示1.50mA，如图1-8所示。依次将长方框中的数字设置为-55.00、0.00、25.00、50.00、100.0、200.0、300.0，分别测出对应的电流值，把它们填入表格中，并根据欧姆定律算出对应的电阻值，见表1-2。由此可见，PTC-NICKEL的电阻值随温度升高而增大，这符合PTC的温度和电阻值的对应关系。

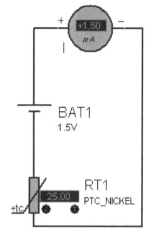

图1-8　正温度系数热敏电阻器
PTC-NICKEL的功能测试电路
的仿真电路图

表1-2　PTC-NICKEL的温度与电阻值对应关系

温度/℃	-55.0	0.00	25.0	50.0	100.0	200.0	300.0
电流/mA	2.12	1.67	1.50	1.37	1.12	0.80	0.60
电阻/kΩ	0.71	0.90	1.00	1.09	1.34	1.88	2.50

2. 负温度系数热敏电阻器

负温度系数热敏电阻器（NTC）泛指具有负温度系数的热敏电阻或材料。NTC的特点是随着温度的上升，其电阻值呈指数关系减小。

NTC的主要参数和PTC的主要参数大致一样。

3. 热敏电阻器的应用

热敏电阻器广泛应用于自动控制和家用电器等领域。热敏电阻器可作为电子线路元器件用于仪表线路温度补偿和温差电偶冷端温度补偿等。利用NTC的自热特性可实现自动增益控制，构成RC振荡器稳幅电路、延迟电路和保护电路。在自热温度远大于环境温度时，其电阻值还与环境的散热条件有关，因此在流速计、流量计、气体分析仪、热导分析中，常利用热敏电阻器的这一特性，将其制成专用的检测元件。PTC主要用于电气设备的过热保护、无触点继电器、恒温控制、自动增益控制、电动机启动、时间延迟、彩色电视机自动消磁、火灾报警和温度补偿等领域。

【例1.4】图1-9所示为采用PTC-NICKEL构成的温度报警电路的仿真电路图。图中的PTC-NICKEL、R2和RV1组成分压电路；L1为指示灯，报警时会点亮。电路的直流电源电压为+12V。

首先调整PTC-NICKEL旁边的长方框中的数字，使它显示待报警的环境温度值，如0.00℃，执行仿真，再调整电位器RV1的电阻值，使指示灯点亮，如图1-9所示。此后，只要环境温度达到0.00℃，指示灯即点亮；环境温度低于0.00℃时，指示灯即熄灭。可以将报警温度调整为-55～+300℃之间的任意值，也可以将指示灯改为扬声器或继电器，从而改变报警方式。

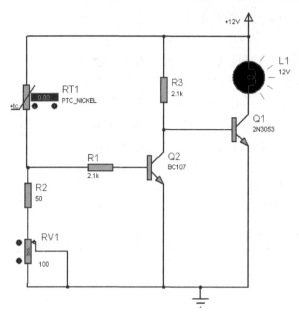

图1-9　采用PTC-NICKEL构成的温度报警电路的仿真电路图

1.2.2　光敏电阻器

光敏电阻器是指其电阻值随入射光（指可见光、红外线或紫外线）强弱变化而变化的敏感元件。通常入射光增强时，其电阻值下降。光敏电阻器对入射光的响应与光的波长和所用材料有关。制造光敏电阻器的材料主要是镉的化合物，如硫化镉、硒化镉和两者的共晶体——硫硒化镉，其次还有锗、硅、硫化锌等。光敏电阻器广泛应用于光强控制、光电自动控制、光电开关、光电计数、光电安全保护和烟雾报警等领域。

1. 光敏电阻器的实物和结构

光敏电阻器的实物图、结构及图形符号如图1-10所示。

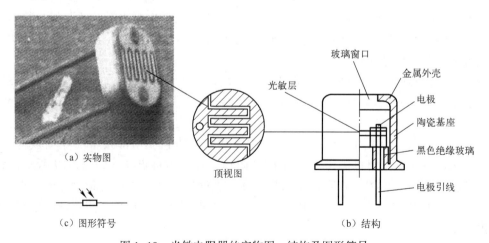

图1-10　光敏电阻器的实物图、结构及图形符号

2. 光敏电阻器的分类

根据其光谱特性的不同, 光敏电阻器可分为以下 3 种。

☺ 紫外光敏电阻器: 对紫外线较灵敏, 包括硫化镉光敏电阻器、硒化镉光敏电阻器等。

☺ 红外光敏电阻器: 对红外线较灵敏, 主要有硫化铅光敏电阻器、碲化铅光敏电阻器、硒化铅光敏电阻器、锑化铟光敏电阻器等, 广泛用于导弹制导、天文探测、非接触测量、人体病变探测、红外光谱探测、红外通信等领域。

☺ 可见光光敏电阻器: 包括硒光敏电阻器、硫化镉光敏电阻器、硒化镉光敏电阻器、碲化镉光敏电阻器、砷化镓光敏电阻器、硅光敏电阻器、锗光敏电阻器、硫化锌光敏电阻器等, 主要用于各种光电控制系统, 如光电自动开关门户, 航标灯、路灯和其他照明系统的自动亮灭控制, 自动给水和自动停水装置等。

    光敏电阻器的亮电阻是指光敏电阻器受到光照射时的电阻值; 暗电阻是指光敏电阻器在无光照射 (黑暗环境) 时的电阻值。

3. 光敏电阻器的典型应用

光敏电阻器的主要作用是进行光的检测, 广泛应用于自动检测、光电控制、通信、报警等电路中。另外, 光敏电阻器也应用于各种自动控制电路 (如自动照明灯控制电路、自动报警电路等)、家用电器 (如电视机中的亮度自动调节、照相机的自动曝光控制等) 及各种测量仪器中。

【例 1.5】 图 1-11 所示为采用光敏电阻器构成的自动灯控制电路的仿真电路图。图中的光敏电阻器 LDR2、R2 和 RV1 组成分压电路, L1 为指示灯; LDR2 旁边的长方框中的数字代表光照强度 (单位是 lx), 此数字越大表示光线越强。这里设定光照强度 3.1 lx 为临界条件, 即要求: 当光照强度>3.1 lx 时, L1 熄灭; 当光照强度<3.1 lx 时, L1 点亮。该电路相当于一个夜晚自动点亮、白天自动熄灭的街道路灯控制系统。

首先调整 LDR2 旁边的长方框中的数字, 使它显示临界光照强度为 3.1 lx, 执行仿真, 再调整电位器 RV1 的电阻值, 使得光照强度<3.1 lx 时, L1 点亮, 光照强度>3.1 lx 时 L1 熄灭, 如图 1-11 所示。临界光照强度值可以调整。

这里用的光敏电阻器必须是可见光光敏电阻器, 不能用红外或紫外光敏电阻器。

【例 1.6】 图 1-12 所示为采用手电筒和光敏电阻器构成的自动灯控制电路的仿真电路图。它与图 1-11 所示电路的区别是, 光敏电阻器 LDR1 是带手电筒的。可以调整手电筒的位置使其靠近光敏电阻器, 或者使其远离光敏电阻器, 手电筒既可以关闭, 也可以打开。众所周知, 对于发光强度一定的光源, 距离越远的光照对象接收到的光照强度越小。

当手电筒远离光敏电阻器, 或关闭手电筒 (相当于夜晚的情况) 时, 指示灯 L2 点亮; 当发光的手电筒靠近光敏电阻器 (相当于白天的情况) 时, L2 熄灭。

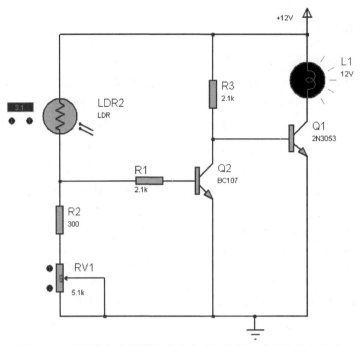

图 1-11　采用光敏电阻器构成的自动灯控制电路的仿真电路图

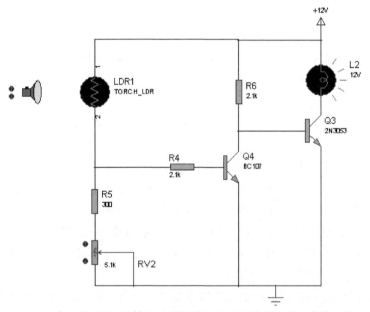

图 1-12　采用手电筒和光敏电阻器构成的自动灯控制电路的仿真电路图

1.3　光敏二极管和光敏三极管

1.3.1　光敏二极管

光敏二极管又称光电二极管（Photodiode），是一种能够将光根据使用方式转换成电流或者电压信号的器件。光敏二极管与半导体二极管在结构上类似，其管芯是一个具有光敏特性的 pn 结，具有单向导电性，因此工作时需加上反向电压。无光照时，光敏二极管中只有很小的饱和反向漏电流（即暗电流），光敏二极管处于截止状态；受到光照时，饱和反向漏电流大大增加，形成光电流，它随入射光强度的变化而变化。当光线照射 pn 结时，可以使 pn 结中产生电子–空穴对，使少数载流子的密度增加。这些载流子在反向电压作用下漂移，使反向电流增加。因此可以利用光照强弱来改变电路中电流的大小。光敏二极管的实物图和图形符号如图 1–13 所示。

（a）实物图   （b）图形符号

图 1–13 光敏二极管的实物图和图形符号

光敏二极管有如下两种工作状态。

☺ 当光敏二极管加上反向电压时，光敏二极管中的反向电流随光照强度的改变而改变，光照强度越大，反向电流越大。光敏二极管在大多数情况下都工作在这种状态。

☺ 光敏二极管上不加电压时，利用 pn 结在受光照时产生正向电压的原理，可把它用作微型光电池。这种工作状态一般用在光电检测器中。

光敏二极管的作用是进行光电转换，它在光控、红外遥控、光探测、光纤通信和光电耦合等方面具有广泛的应用。

【例 1.7】光敏二极管在光控开关电路中的应用如图 1–14 所示。当无光照时，光敏二极管 VD_1 因接反向电压而截止，晶体管 VT_1、VT_2 因无基极电流也处于截止状态，继电器 K 处于释放状态；当有光线照射在 VD_1 上时，使 VT_1、VT_2 相继导通，VD_2 导通，继电器 K 吸合，从而接通被控电路。

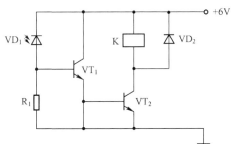

图 1–14 光敏二极管在光控开关电路中的应用

1.3.2 光敏三极管

光敏三极管和普通三极管相似，也有电流放大作用，只是它的集电极电流不只受基极电流控制，同时也受光照的控制。当具有光敏特性的 pn 结受到光照时，形成光电流，由此产生的光生电流由基极进入发射极，从而在集电极回路中得到一个放大了 β 倍的信号电流。不同材料制成的光敏三极管具有不同的光谱特性。与光敏二极管相比，光敏三极管具有很大的电流放大作用，即很高的灵敏度。光敏三极管的实物图和图形符号如图 1–15 所示。

通常光敏三极管的基极不引出，但也有光敏三极管的基极是引出的（用于温度补偿和附加控制等）。

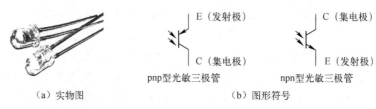

（a）实物图   （b）图形符号

图1-15 光敏三极管的实物图和图形符号

1. 光敏三极管的检测

用万用表检测光敏三极管（以 npn 型为例）时，应将万用表置于 R×1kΩ 挡。

（1）将黑表笔接发射极 E，红表笔接集电极 C，此时光敏三极管所加电压为反向电压，万用表指示的电阻值应为无穷大。

（2）用黑纸片等遮光物将光敏三极管窗口遮住，对调两表笔再测，此时光敏三极管所加的电压虽为正向电压，但因其基极无光照，故光敏三极管仍无电流，其电阻值仍应接近无穷大。

（3）保持红表笔接发射极 E，黑表笔接集电极 C，然后移去遮光物，使光敏三极管窗口朝向光源，这时万用表指示值约为 1kΩ。

2. 光敏三极管的典型应用

光敏三极管主要用于光控电路。

【例1.8】 图1-16 所示为光控开关电路。由于光控器件采用了光敏三极管，该电路比使用光敏二极管的同类电路简化了很多。

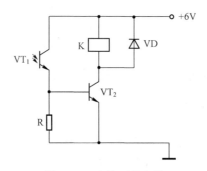

图1-16 光控开关电路

1.4 光耦合器

1.4.1 光耦合器的结构和原理

光耦合器（Optical Coupler）也称光电隔离器，简称光耦。光耦合器是将发光器和受光器组成一体，以光为媒介用来传输电信号的光电器件。从发光器件引出的引脚为输入端，从受光器引出的引脚为输出端。

光耦合器的工作原理是，在输入端加电信号，使发光器件发光，受光器件受到光照后，产生光电效应，输出电信号，实现由电到光，再由光到电的传输。光耦合器的内部结构如图 1-17 所示。光耦合器的主要特点是输入信号与输出信号之间的隔离性好，信号单向传输无反馈影响，抗干扰能力强，响应速度快，工作稳定可靠。

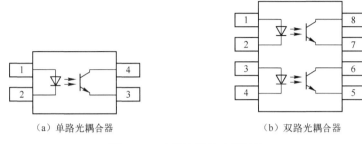

（a）单路光耦合器　　　　　　　　　（b）双路光耦合器

图 1-17　光耦合器的内部结构

1.4.2　光耦合器的类型

光耦合器的品种和类型非常多，其型号超过上千种，通常可以按以下方法进行分类。

☺ 按光路径的不同，可分为外光路光耦合器（又称光电断续检测器）和内光路光耦合器。外光路光耦合器又分为透过型光耦合器和反射型光耦合器。

☺ 按输出形式的不同，分为如下 7 种：光敏器件输出型，包括光敏二极管输出型、光敏三极管输出型、光电池输出型、光晶闸管输出型等；npn 型三极管输出型，包括交流输入型、直流输入型、互补输出型等；达林顿三极管输出型，包括交流输入型、直流输入型；逻辑门电路输出型，包括门电路输出型、施密特触发输出型、三态门电路输出型等；低导通输出型（输出低电平，毫伏数量级）；光开关输出型（导通电阻小于 10Ω）；功率输出型（IGBT/MOSFET 等）。

☺ 按封装形式的不同，可分为同轴型、双列直插型、TO 封装型、扁平封装型、贴片封装型及光纤传输型等。其中，双列直插型又分为 4 引脚型、8 引脚型和 16 引脚型。

☺ 按传输信号的不同，可分为数字型光耦合器（如 OC 门输出型、图腾柱输出型及三态门电路输出型等）和线性光耦合器（如低漂移型、高线性型、宽带型、单电源型、双电源型等）。

☺ 按速度高低，可分为低速光耦合器（如光敏三极管、光电池等输出型）和高速光耦合器（如光敏二极管带信号处理电路、光敏集成电路输出型）。

☺ 按通道数量的不同，可分为单通道光耦合器、双通道光耦合器和四通道光耦合器等。

☺ 按隔离特性的不同，可分为普通隔离光耦合器（一般光学胶灌封低于 5kV，空封低于 2kV）和高电压隔离光耦合器（可分为 10kV、20kV、30kV 等）。

☺ 按工作电压高低，可分为低电源电压型光耦合器（一般为 5～15V）和高电源电压型光耦合器（一般大于 30V）。

1.4.3　光耦合器的检测

本小节以 4 引脚型光耦合器为例，介绍光耦合器的检测。

1. 检测光耦合器输入部分

将万用表置于 R×1kΩ 挡，分别测量光耦合器输入端的正、反向电阻，如图 1-18 所示。该测量结果应明显地一次大、一次小，否则表明光耦合器损坏。

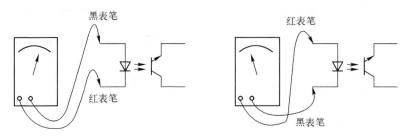

图 1-18　检测光耦合器输入部分

2. 检测光耦合器输出部分

将万用表置于 R×10kΩ 挡，测量光耦合器输出端两引脚（光敏三极管的 C 极、E 极）之间的正、反向电阻，均应为无穷大。

3. 检测光耦合器的传输性能

（1）将万用表甲置于 R×100Ω 挡，黑表笔接光耦合器的发光二极管正极引脚，红表笔接发光二极管负极引脚，使发光二极管导通。

（2）如图 1-19 所示，将万用表乙置于 R×1kΩ 挡，两表笔分别接光敏三极管的集电极和发射极，测量正、反向电阻，测得的电阻值应为一次大（光敏三极管没有导通）、一次小（光敏三极管已导通）。当切断输入端正向电压时，光敏三极管应处于截止状态，万用表乙测得的电阻值应为无穷大，否则表明光耦合器损坏。

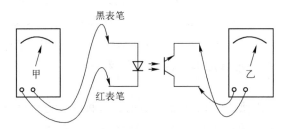

图 1-19　检测光耦合器的传输性能

4. 检测光耦合器的绝缘性能

将万用表置于 R×10kΩ 挡，测量光耦合器的输入端与输出端之间任意两个引脚之间的电阻值，均应为无穷大。

1.4.4　光耦合器的典型应用

光耦合器主要用于隔离传输和隔离控制，在隔离耦合、电平转换、继电器控制等方面得到了广泛的应用。

　　另外，在由微处理器或单片机为核心的测控系统及智能仪表中，光耦合器多用于隔离外界的输入信号和由内输出到外的输出信号（如发往执行机构的信号）。这种隔离是一种有效的光隔离，它可以排除多种干扰，使系统能够稳定、可靠地长期工作。

　　光耦合器具有隔离性好，抗干扰能力强，响应速度快，工作稳定可靠等特点。光耦合器的隔离作用主要体现在两个方面：一为信号隔离，用于系统的前向通道，可防止由输入通道引入干扰；二为驱动隔离，用于系统的后向通道，可防止由输出通道引入的干扰。

1. PC829 光耦合器、三极管驱动继电器电路

　　【例 1.9】 图 1-20 所示为 PC829 光耦合器、三极管驱动继电器电路的仿真电路图。图中：U2 的第 1 脚经限流电阻器 R1 和+5V 电源相连；第 2 脚和"逻辑状态"调试元件连接，第 8 脚和+12V 电源相连，第 7 脚经 R2 与三极管 2N2222A 的基极相连；2N2222A 的集电极与继电器 RL1 的线圈一端相连，线圈的另一端与+12V 电源相连；RL1 的常开触点接指示灯 L1。1N4002 为续流二极管。

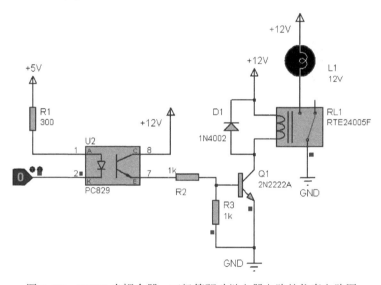

图 1-20　PC829 光耦合器、三极管驱动继电器电路的仿真电路图

　　当给"逻辑状态"调试元件送高电平时，PC829 中的发光二极管不导通，因此其光敏元件也不导通，2N2222A 也不导通，RL1 因线圈未得电而常开触点不闭合，L1 不亮；当给"逻辑状态"调试元件送低电平时，PC829 中的发光二极管导通，光敏元件导通，2N2222A 也导通，RL1 因线圈得电而使常开触点闭合，L1 点亮，如图 1-20 所示。

　　光耦合器的发光二极管一侧和光敏元件一侧要分别用相互独立的供电电源，否则就起不到隔离的作用。本例中，光耦合器的发光二极管一侧用+5V 电源，光敏元件一侧用+12V 电源，这两个电源的接地端也不能相连。

2. 4N35 光耦合器、三极管驱动继电器电路

　　【例 1.10】 图 1-21 所示为 4N35 光耦合器、三极管驱动继电器电路的仿真电路图。图

中：U2 的第 1 脚经限流电阻器 R1 和+5V 电源相连；第 2 脚和"逻辑状态"调试元件连接；第 5 脚和+12V 电源相连；第 6 脚为基极引线，接电压表；第 4 脚经 R2 与三极管 2N2222A 的基极相连。2N2222A 的集电极与继电器 RL1 的线圈一端相连，线圈的另一端与+12V 电源相连。RL1 的常开触点接指示灯 L1。1N4002 为续流二极管。

当给"逻辑状态"调试元件送高电平时，4N35 的发光二极管不导通，其光敏元件也不导通，基极上的电压为零，2N2222A 也不导通，RL1 因线圈未得电而常开触点不闭合，L1 不亮；当给"逻辑状态"调试元件送低电平时，4N35 的发光二极管导通，光敏元件导通，基极上的电压为+12.4V，2N2222A 也导通，RL1 因线圈得电而使常开触点闭合，L1 点亮，如图 1-21 所示。

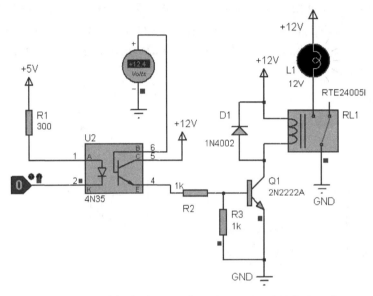

图 1-21　4N35 光耦合器、三极管驱动继电器电路的仿真电路图

3. 实用开关量输入光隔离电路——信号隔离实例

【例 1.11】　图 1-22 所示为实用开关量输入光隔离电路的仿真电路图。图中：光耦合器 U2 的型号为 PC817，U2 的第 1 脚和+12V 电源相连，第 2 脚与 R3 和 R4 的分压点连接；R4 的另一端与开关 K 连接，K 的另一端接地；U2 的第 4 脚和 OUT 点相连，第 3 脚接地。OUT 点的电位因 K 的闭合或断开而改变。作为输入电路，通常 OUT 点与单片机的输入口线连接。

首先，断开开关 K，开始仿真，因 PC817 的第 1 脚与第 2 脚等电位（都是 12V），PC817 的发光二极管不导通，其光敏元件也不导通，电压表显示 OUT 点的电压为+5.00V，表示高电位，如图 1-22 所示。

然后，闭合开关 K，重新仿真，因 PC817 的第 2 脚电压降低，PC817 的发光二极管发光，其光敏元件导通，电压表显示 OUT 点的电压为+0.21V，表示低电位，如图 1-23 所示。

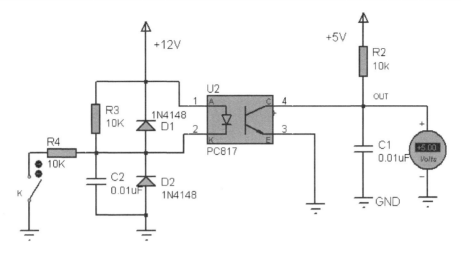

图 1-22 实用开关量输入光隔离电路的仿真电路图

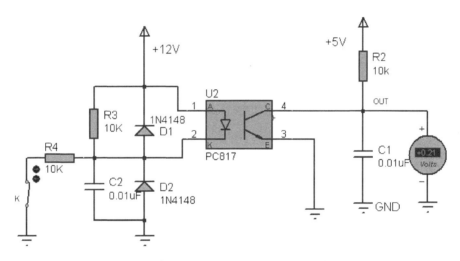

图 1-23 实用开关量输入光隔离电路的仿真结果

4. 实用开关量输出光隔离电路——驱动隔离实例

【例 1.12】图 1-24 所示为实用开关量输出光隔离电路的仿真电路图。图中：光耦合器 U2 的型号为 PC817，U2 的第 1 脚和 +5V 电源相连，第 2 脚经限流电阻器 R4 和"逻辑状态"调试元件连接，第 4 脚经 R2 和 +12V 电源相连，第 3 脚经 R1 与三极管 2N2222A 的基极相连；2N2222A 的集电极与继电器 RL1 线圈的一端相连，线圈的另一端与 +12V 电源相连；RL1 的常开触点接绿色发光二极管 D2。1N4148 为续流二极管。

当给"逻辑状态"调试元件送高电平时，PC817 中的发光二极管不导通，其光敏元件也不导通，2N2222A 也不导通，RL1 因线圈上未得电而常开触点不闭合，D2 不亮；当给"逻辑状态"调试元件送低电平时，PC817 中的发光二极管导通，光敏元件导通，2N2222A 也导通，RL1 因线圈得电而使常开触点闭合，D2 点亮，如图 1-24 所示。

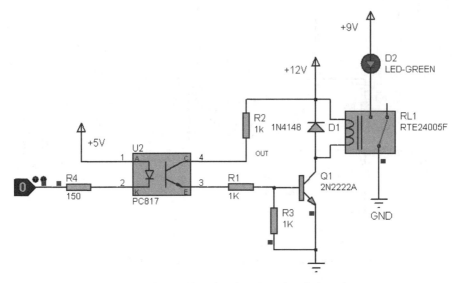

图1-24　实用开关量输出光隔离电路的仿真电路图

 # 1.5　温度传感器

温度传感器的作用是感受温度并将温度转换为电信号，传给处理机构，以实现相应的显示或控制。工业用的温度传感器主要有四类，即热敏电阻温度传感器、热电阻温度传感器、热电偶温度传感器和集成温度传感器。它们的特点见表1-3。

表1-3　工业常用温度传感器特点

种　类	测温范围/℃	重复性/℃	精度/℃	线性	特　点
热敏电阻温度传感器	−5～+300	0.2～2.0	0.1～2.0	较差	价廉、稳定性好、体积小
热电阻温度传感器	−200～+850	0.1～0.5	0.1～1.0	一般	价高、精度高、性能稳定，重复性较好
热电偶温度传感器	−200～+600 以上	0.3～1.0	0.5～3.0	较差	价廉、重复性较好、测温范围宽、灵敏度较低
集成温度传感器	−55～+150	0.3	0.5	优良	体积小、精度高

1.5.1　热敏电阻温度传感器

热敏电阻的特点是对温度敏感，在不同的温度下表现出不同的电阻值，分正温度系数热敏电阻器（PTC）和负温度系数热敏电阻器（NTC）两类。对于PTC，温度越高，电阻值越大；对于NTC，温度越高，电阻值越小。PTC主要由钛酸钡掺合稀土元素烧结而成；NTC主要由锰、钴、镍、铁、铜等过渡金属氧化物混合烧结而成。

热敏电阻温度传感器的探头是用NTC经过封装制成的。封装形式主要有树脂封装、铜壳封装、不锈钢壳封装等，常用于家用空调、汽车空调、电冰箱、冷柜、热水器、饮水机、暖风机、烘干机等对温度的测量和控制。

1.5.2 热电阻温度传感器

热电阻就是其电阻值随温度变化而变化的电阻器。热电阻温度传感器是利用导体（如金属铂、铜、铁、镍）的电阻值随温度变化而变化的原理进行测温的一种传感器。

热电阻广泛用于测量 $-200 \sim +850℃$ 范围内的温度，少数情况下，低温可测至 1K（$-272.15℃$），高温可测至 $1000℃$。

热电阻温度传感器由热电阻、连接导线及显示仪表组成，热电阻也可以与温度变送器连接，将温度信号转换为标准电流信号输出。

用于制造热电阻的材料应具有尽可能大和稳定的电阻温度系数和电阻率，输出最好呈线性，且物理化学性能稳定、复现性好。目前最常用的热电阻是两种金属材料的热电阻，即铂热电阻和铜热电阻。

铂热电阻主要有 Pt100、Pt1000 两种，"Pt" 后的 100 和 1000 是指 0℃ 时其电阻值分别为 $100Ω$ 和 $1000Ω$。铜热电阻有 Cu50、Cu100 两种，"Cu" 后的 50 和 100 是指 0℃ 时其电阻值分别为 $50Ω$ 和 $100Ω$。

1. 铂热电阻测温原理

铂（Pt）是一种贵金属，它是一种具有正温度系数的热电材料，在 0℃ 以上时，其电阻值和温度的关系接近线性，其电阻温度系数约为 $3.9 \times 10^{-3}℃^{-1}$。铂的物理化学性质极其稳定，耐氧化能力强，易于提纯，延展性好，可以制成极细的铂丝。Pt100 的温度－电阻值关系见表 1-4。在实际使用中，只要测出热电阻的电阻值，即可根据表 1-4 查出对应的温度。

表 1-4 Pt100 温度-电阻值关系

温度/℃ 0	与温度对应的电阻值/Ω								
	−10	−20	−30	−40	−50	−60	−70	−80	−90
−200	18.52								
−100	60.26	56.19	52.11	48.00	43.88	39.72	35.54	31.34	27.10	22.83
0	100.00	96.09	92.16	88.22	84.27	80.31	76.33	72.33	68.33	64.30
温度/℃	0	+10	+20	+30	+40	+50	+60	+70	+80	+90
0	100.00	103.90	107.79	111.67	115.54	119.40	123.24	127.08	130.90	134.71
100	138.51	142.29	146.07	149.83	153.58	157.33	161.05	164.77	168.48	172.17
200	175.86	179.53	183.19	186.84	190.47	194.10	197.71	201.31	204.90	208.48
300	212.05	215.61	219.15	222.68	226.21	229.72	233.21	236.70	240.18	243.64
400	247.09	250.53	253.96	257.38	260.78	264.18	267.56	270.93	274.29	277.64
500	280.98	284.30	287.62	290.92	294.21	297.49	300.75	304.01	307.25	310.49
600	313.71	316.92	320.12	323.30	326.48	329.64	332.79	335.93	339.06	342.18
700	345.28	348.38	351.46	354.53	357.59	360.64	363.67	366.70	369.71	372.71
800	375.70	378.68	381.65	384.60	387.55	390.48				

铂热电阻的温度-电阻值关系式为

$$\begin{cases} R_t = R_0 \left[1 + At + Bt^2 + C(t-100℃)t^3 \right] & -200℃ \leqslant t \leqslant 0℃ \\ R_t = R_0(1 + At + Bt^2) & 0℃ \leqslant t \leqslant 850℃ \end{cases}$$

式中：$A = 3.9083 \times 10^{-3}℃^{-1}$；$B = -5.775 \times 10^{-7}℃^{-2}$；$C = -4.183 \times 10^{-12}℃^{-4}$；$R_0$ 为铂热电阻在 0℃时的电阻值。

例如，用上述公式计算100℃时，Pt100的电阻值（$R_0 = 100\Omega$）为

$$R_t = R_0(1 + At + Bt^2) = 100(1 + 3.9083 \times 10^{-3} \times 100 - 5.775 \times 10^{-7} \times 10^4) \approx 138.51(\Omega)$$

可见，与表1-4中的100℃时Pt100的电阻值是一样的。

2. 热电阻温度传感器探头的结构

铂热电阻温度传感器的探头以由金属铂制成的热电阻器为感温元件，另外还有绝缘套管、保护套管、接线盒、引线等，如图1-25所示。其他热电阻温度传感器的探头结构与此基本相同。

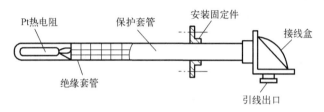

图1-25　铂热电阻温度传感器探头的结构

1.5.3　热电偶温度传感器

热电偶是一种感温元件，它直接测量温度，并把温度信号转换成热电动势信号，再通过电气仪表（二次仪表）转换成被测介质的温度值。热电偶测温的基本原理是，两种不同材质的导体组成闭合回路，当两端存在温度梯度时，回路中就会有电流通过，此时两端之间就存在电动势——热电动势，这就是所谓的塞贝克效应（Seebeck Effect）。两种不同成分的均质导体作为热电极，温度较高的一端为工作端，温度较低的一端为自由端，自由端通常处于某个恒定的温度下。根据热电动势与温度的函数关系，可制成热电偶分度表。热电偶分度表是在其自由端温度为0℃时的条件下得到的，不同的热电偶具有不同的分度表。

在热电偶回路中接入第3种金属材料时，只要该材料两个连接点的温度相同，热电偶所产生的热电动势就保持不变，即不受第3种金属接入回路中的影响。因此，在热电偶测温时，可接入测量仪表，测得热电动势后，即可知道被测介质的温度。

1. 热电偶的概念

如图1-26（a）所示，两个不同的导体A与B串联成一个闭合回路，当两个连接点的温度不同（$T \neq T_0$）时，回路中就会产生热电动势，热电动势的大小只与导体A、B的材料和两端温度T和T_0有关，而与热电极长度及直径等无关，这种现象称为热电效应。

2. 热电偶的基本构成和测温原理

导体 A 与 B 称为热电偶的热电极。放置在被测对象中的连接点称为测量端,又称热端;另一连接点称为参考端,又称冷端(冷端的温度必须保持恒定),如图 1-26(b)所示。根据试验数据把热电动势 $E_{AB}(T, T_0)$ 与温度 T 的关系绘成曲线或列成表格(分度表),则只要用仪表测得热电动势,通过查分度表就可以知道被测温度 T。

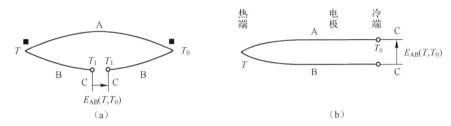

图 1-26 热电偶工作原理示意图

3. 常见热电偶温度传感器——普通装配型热电偶

普通装配型热电偶通常由感温元件(热电极)、绝缘管、保护管、安装固定装置和接线盒等组成,如图 1-27 所示。

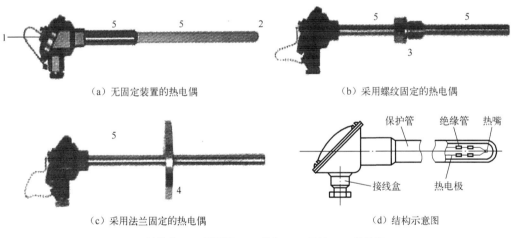

(a)无固定装置的热电偶

(b)采用螺纹固定的热电偶

(c)采用法兰固定的热电偶

(d)结构示意图

1—接线盒;2—测量端;3—螺纹;4—法兰;5—保护管

图 1-27 普通装配型热电偶

☺ 热电极:是测温元件。如果是贵金属,热电极的直径多为 0.3~0.65mm;若是廉金属,热电极的直径一般为 0.5~3.2mm。热电极的长度由安装条件、热电偶的插入深度决定,通常为 350~2000mm。

☺ 绝缘管:其作用是防止两个热电极之间或热电极与保护管之间短路。绝缘管的材料由使用温度范围确定,在 1000℃以下多采用普通陶瓷,在 1000~1300℃之间多采用高纯氧化铝,在 1300~1600℃之间多采用刚玉。

☺ 保护管:其作用是使热电偶不直接与被测介质接触,以防机械损伤或被介质腐蚀、沾污。保护管的材质主要有金属、非金属和金属陶瓷 3 种。

☺接线盒：其作用是固定接线座，连接热电极和补偿导线。通常由铝合金制成，一般分普通式和密封式两种。为了防止灰尘和有害气体进入热电偶保护管内，接线盒的出线孔和盖子均用垫片和垫圈加以密封。接线盒内用于连接热电极和补偿的螺丝必须紧固，以免产生较大的接触电阻而影响测量的准确性。

4. 热电偶的分类和型号

（1）常用的热电偶可分为标准化热电偶和非标准化热电偶两大类。所谓标准化热电偶是指国家标准规定了其热电势与温度的关系、允许误差，并有统一的标准分度表的热电偶，也有与其配套的显示仪表可供选用。非标准化热电偶一般没有统一的分度表，在一些特殊的测温场合使用。

我国标准化热电偶共有 S、R、B、J、T、E、N、K 8 种类型（电极的材料不同），其中 S、R、B 型属于贵金属热电偶，J、T、E、N、K 型属于廉金属热电偶。

（2）标准化热电偶的型号和含义如图 1-28 所示。

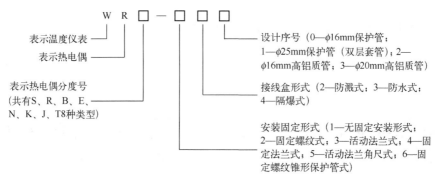

图 1-28 标准化热电偶的型号和含义

热电偶分度号的含义见表 1-5。

表 1-5 热电偶分度号的含义

分 度 号	电极材料（正极-负极）	推荐使用温度范围/℃
K	镍铬-镍铝（硅）	−200～1200
N	镍铬硅-镍硅	−200～1300
E	镍铬-铜镍（康铜）	−40～800
J	铁-铜镍（康铜）	−200～750
T	铜-铜镍（康铜）	−200～350
S	铂铑 10-铂	0～1300
R	铂铑 13-铂	0～1300
B	铂铑 30-铂铑 6	600～1700

每种类型的热电偶都有相应的分度表，从分度表可以看出不同温度时热电偶的热电动势。S 型热电偶分度表（参考端温度：0℃）见表 1-6。

表 1-6 S 型热电偶分度表（参考端温度：0℃）

温度/℃	热电动势/mV									
	0	+10	+20	+30	+40	+50	+60	+70	+80	+90
0	0.000	0.055	0.113	0.173	0.235	0.299	0.365	0.432	0.502	0.573
100	0.645	0.719	0.795	0.872	0.950	1.029	1.109	1.190	1.273	1.356
200	1.440	1.525	1.611	1.698	1.785	1.873	1.962	2.051	2.141	2.232
300	2.323	2.414	2.506	2.599	2.692	2.786	2.880	2.974	3.069	3.164
400	3.260	3.356	3.452	3.549	3.645	3.743	3.840	3.938	4.036	4.135
500	4.234	4.333	4.432	4.532	4.632	4.732	4.832	4.933	5.034	5.136
600	5.237	5.339	5.442	5.544	5.648	5.751	5.855	5.960	6.065	6.169
700	6.274	6.380	6.486	6.592	6.699	6.805	6.913	7.020	7.128	7.236
800	7.345	7.454	7.563	7.672	7.782	7.892	8.003	8.114	8.255	8.336
900	8.448	8.560	8.673	8.786	8.899	9.012	9.126	9.240	9.355	9.470
1000	9.585	9.700	9.816	9.932	10.048	10.165	10.282	10.400	10.517	10.635
1100	10.754	10.872	10.991	11.110	11.229	11.348	11.467	11.587	11.707	11.827
1200	11.947	12.067	12.188	12.308	12.429	12.550	12.671	12.792	12.912	13.034
1300	13.155	13.397	13.397	13.519	13.640	13.761	13.883	14.004	14.125	14.247
1400	14.368	14.610	14.610	14.731	14.852	14.973	15.094	15.215	15.336	15.456
1500	15.576	15.697	15.817	15.937	16.057	16.176	16.296	16.415	16.534	16.653
1600	16.771	16.890	17.008	17.125	17.243	17.360	17.477	17.594	17.711	17.826
1700	17.942	18.056	18.170	18.282	18.394	18.504	18.612	—	—	—

1.5.4 集成温度传感器

集成温度传感器是将热敏三极管与相应的辅助电路（信号放大、线性补偿、调零消振等）集成在同一个芯片上形成的。与其他温度传感器相比，它具有灵敏度高、线性好、响应速度快、重复性好、体积小和使用方便等优点。

在集成温度传感器中，一类需要有程序与之配合使用（如 DS1620、DS1621、DS18B20、DS1624、DS1629、AD7416 等），还有一类不需要程序配合（如 AD590、LM20、LM34、LM35、LM45、LM50、LM135 等）。本节仅介绍后一类集成温度传感器。

1. 摄氏温度传感器 LM35

LM35 是由 National Semiconductor 生产的集成温度传感器，其输出电压与摄氏温度值呈线性关系，0℃ 时输出电压为 0V，温度每升高 1℃，其输出电压增加 10mV。在常温下，LM35 不需要额外的校准处理即可达到±0.25℃ 的精度。

LM35 有多种封装形式，其封装引脚图如图 1-29 所示。LM35 的供电模式分为单电源与双电源两种，如图 1-30 所示。双电源的供电模式可提供负温度的测量。

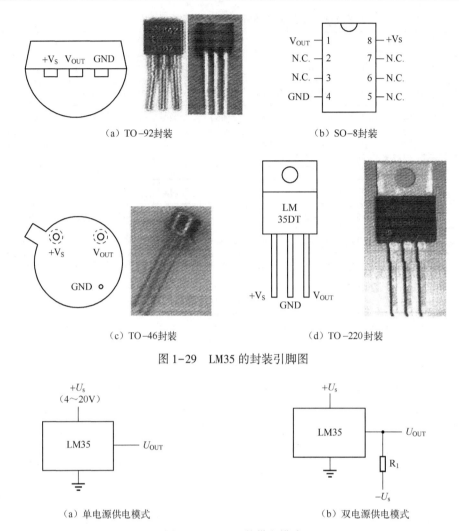

（a）TO-92封装　　　　　　　　　　　　（b）SO-8封装

（c）TO-46封装　　　　　　　　　　　　（d）TO-220封装

图 1-29　LM35 的封装引脚图

（a）单电源供电模式　　　　　　　　　　　（b）双电源供电模式

图 1-30　LM35 的供电模式

【例 1.13】 图 1-31 所示为 LM35 测试电路的仿真电路图。在左侧的图中，LM35 的第 1 脚接+5V 电源，第 3 脚接地，第 2 脚接电压表；在右侧的图中，第 2 脚还与一端连接-5V 电源的 10kΩ 电阻器相连。

将左侧图中 LM35 上预置框中的数字（通过上下箭头按钮）调到所需温度值，如+150℃；再将右侧图中 LM35 上预置框中的数字调到-55.0℃。执行仿真，两个电压表就会显示各自温度下 LM35 的输出电压值，如图 1-31 所示。由图可见，此时左侧图中电压表显示+1.50V，右侧图中的电压表显示-0.55V。这表明，这两个 LM35 的测试电路都能以摄氏温度数值乘 10mV 得到输出电压值。调节 LM35 上预置框中的数字，即调节预置温度值，重新仿真，可以看到显示值和温度预置值是一一对应的。注意，左侧图中电路的测温范围为 0～+150℃，而右侧图中电路的测温范围为-55～+150℃。

2. 摄氏温度传感器 LM45

LM45 的输出电压与摄氏温度值呈线性关系，0℃ 时输出电压为 0V，温度每升高 1℃，其输出电压增加 10mV。

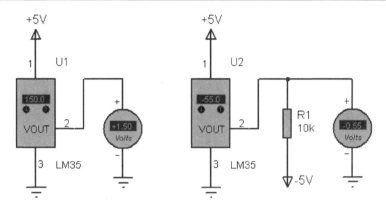

图 1-31　LM35 测试电路的仿真电路图

LM45 的封装形式是 SOT-23，其引脚图如图 1-32 所示。LM45 的供电模式也分为单电源与双电源两种，如图 1-33 所示。

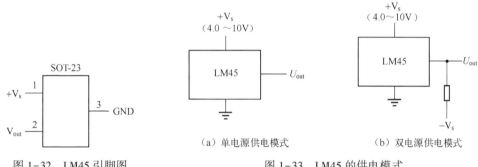

图 1-32　LM45 引脚图　　　　　　图 1-33　LM45 的供电模式

【例 1.14】 图 1-34 所示为 LM45 测试电路的仿真电路图。在左侧图中，LM45 的第 1 脚接 +5V 电源，第 3 脚接地，第 2 脚接虚拟电压表；在右侧图中，第 2 脚还与一端连接 -5V 电源的 10kΩ 电阻器相连。

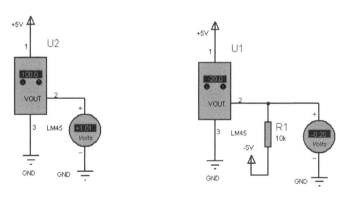

图 1-34　LM45 测试电路的仿真电路图

将左侧图中 LM45 上预置框中的数字（通过上下箭头按钮）调到所需温度值，如 +100℃；再将右侧图中 LM45 上预置框中的数字调到 -20.0℃。执行仿真，两个电压表就会显示各自温度下 LM45 的输出电压值，如图 1-34 所示。由图可见，此时左侧图中的电压表显示+1.01V，右侧图中的电压表显示-0.20V。这表明，这两个LM45的测试电路都能以摄氏温度数值乘10mV得到输出电压值。调节LM45上预置框中的数字，即调节预置温度值，重新仿真，可以看到显示值和温度预置值是一一对应的。注意，左侧图中电路的测温范围为0～+100℃，而右侧图中电路的测温范围为-20～+100℃。

3. 摄氏温度传感器 LM50

LM50的测温范围为-40～+125℃，其输出电压与摄氏温度值呈线性关系，但有一个直流电压偏移量+500mV，即0℃时输出电压为+500mV，温度每升高1℃，输出电压增加+10mV。因此，LM50的输出电压范围为+100mV～+1.75V。

LM50的封装形式也是SOT-23，其引脚图如图1-35所示。LM50的供电模式为单电源供电，电源电压为4.5～10V，如图1-36所示。

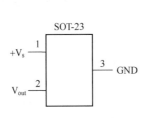
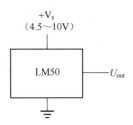

图1-35　LM50引脚图　　　　　图1-36　LM50的供电模式

【**例1.15**】 图1-37所示为LM50测试电路的仿真电路图，其中左右两图接法相同，都是LM50的第1脚接+5V电源，第3脚接地，第2脚接虚拟电压表。

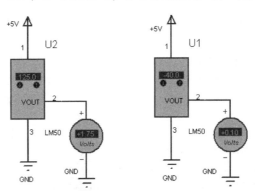

图1-37　LM50测试电路的仿真电路图

将左侧图中LM50上预置框中的数字（通过上下箭头按钮）调到所需温度值，如+125.0℃；再将右侧图中LM50上预置框中的数字调到-40.0℃。执行仿真，两个电压表就会显示各自温度下LM50的输出电压值，如图1-37所示。由图可见，左侧图中的电压表显示+1.75V，右侧图中的电压表显示+0.10V。调节LM50上预置框中的数字，即调节预置温度值，重新仿真，可以看到显示值和温度预置值加500mV的偏移量是一一对应的。

4. 华氏温度传感器 LM34

LM34是一种华氏温度传感器，其输出电压与华氏温度值呈线性关系，0℉时输出为0V，温度每升高1℉，输出电压增加10mV。LM34的测温范围为-50～+300℉。

LM34 有 3 种不同封装形式，分别是 TO-46、TO-92、SO-8，如图 1-38 所示。LM34 的供电模式分为单电源与双电源两种，如图 1-39 所示。

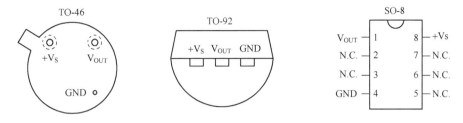

图 1-38 LM34 的封装引脚图

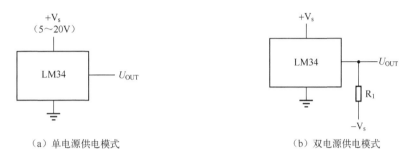

（a）单电源供电模式   （b）双电源供电模式

图 1-39 LM34 的供电模式（$R_1 = 100\text{k}\Omega$）

【例 1.16】 图 1-40 所示为 LM34 测试电路的仿真电路图。在左侧图中，LM34 的第 1 脚接 +5V 电源，第 3 脚接地，第 2 脚接电压表；在右侧图中，第 2 脚还与一端连接 -5V 电源的 $100\text{k}\Omega$ 电阻器相连。

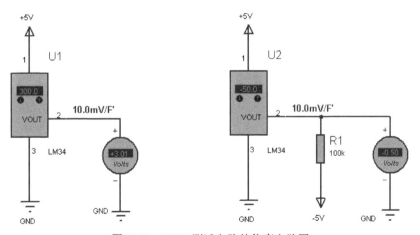

图 1-40 LM34 测试电路的仿真电路图

将左侧图中 LM34 上预置框中的数字调到所需温度值，如 +300℉；再将右侧图中 LM34 上预置框中的数字调到 -50.0℉。执行仿真，两个电压表就会显示各自温度下 LM34 的输出电压值，如图 1-40 所示。由图可见，此时左侧图中的电压表显示 +3.01V，右侧图中的电压表显示 -0.50V。这表明，这两个 LM34 的测试电路都能以华氏温度数值乘 10mV 得到输出电压值。调节 LM34 上预置框中的数字，即调节预置温度值，重新仿真，可以看到显示值和温度预置值是一一对应的。注意，左侧图中电路的测温范围为 0～+300℉，而右侧图中电路的测温范围为 -50～+300℉。

5. 热力学温度传感器 AD590

AD590 具有线性好、精度适中、灵敏度高、体积小、使用方便等优点，已得到广泛应用。AD590 的输出形式分为电压输出和电流输出两种。

☺ 电压输出型 AD590 的灵敏度为 10mV/K，当温度为 0K（-273.15℃）时输出电压为 0V，当温度为 298K（25℃）时输出电压为 2.982V。电流输出型 AD590 的灵敏度为 1μA/K，其输出电流以 0K 为基准，温度每增加 1K，输出电流增加 1μA，因此在室温 25℃时，其输出电流为 (273+25)×1μA=298μA。

☺ AD590 的测温范围为 -55～+150℃（或 +218～+423K）。

☺ AD590 的电源电压范围为 4～30V。

☺ 精度高：AD590 共有 I、J、K、L、M 五个等级，其中 M 等级的精度最高，其非线性误差为 ±0.3K。

AD590 是一个两端器件，它采用 TO-52 金属圆壳封装结构，如图 1-41 所示。图 1-42 所示的是 AD590 的串/并联接法。

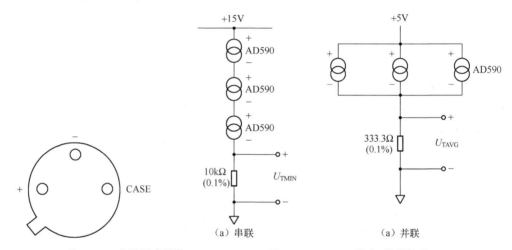

图 1-41　AD590 的 TO-52 金属圆壳封装　　　　图 1-42　AD590 的串/并联接法

【例 1.17】图 1-43 所示为 AD590 测试电路的仿真电路图。左侧图是 3 个 AD590 串联的方式，第一个 AD590 的正极接 +15V 电源，3 个 AD590 串联后，负极通过 R2 接地，在 U0 点接虚拟电压表测量输出电压，所测结果是 3 个 AD590 所处温度最低的对应电压值。右侧图是 3 个 AD590 并联的方式，3 个 AD590 的正极接 +5V 电源，负极通过 R1 接地，在 U0 点接虚拟电压表测量输出电压，所测结果是 3 个 AD590 所测温度的平均值所对应电压值。这里 R1 = 333.3Ω，R2 = 10kΩ。

按理说，执行仿真，虚拟电压表就会显示各自温度下 AD590 的输出电压值，但由于 Proteus 库中的 AD590 的模型有缺陷，所以无法显示。

6. 精密热力学温度传感器 LM135/235/335

LM135/235/335 是一种易于标定的三端电压输出型集成温度传感器，其灵敏度为 10mV/K，输出线性较好。LM135、LM235、LM335 的测温范围不同，LM135 的测温范围为

−55～+150℃，LM235 的测温范围为−40～+125℃，LM335 的测温范围为−40～+100℃；另外，LM135 和 LM235 的典型测量误差为±1℃，而 LM335 的典型测量误差为±2℃。

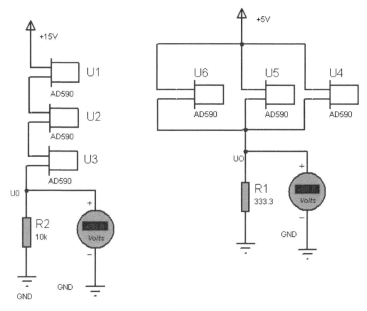

图 1-43　AD590 测试电路的仿真电路图

LM135/235/335 有两种封装形式，如图 1-44 所示。LM135/235/335 的实物图如图 1-45 所示。

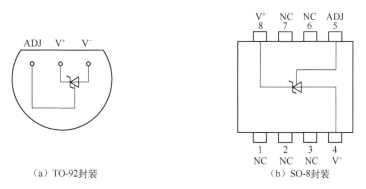

（a）TO-92封装　　　　　　（b）SO-8封装

图 1-44　LM135/235/335 的封装形式

图 1-45　LM135/235/335 的实物图

LM135/235/335 的输出电压是以热力学温度零度（-273℃）为基准的，温度每增加1K，其输出电压会增加 10mV，因此在室温 25℃ 时，其输出电压为（273+25）×10mV = 2.98V。

【例 1.18】 图 1-46 所示为 LM335 测试电路的仿真电路图。图中，LM335 的 V^+ 引脚通过 R1 接+12V 电源，V^- 引脚接地，ADJ 引脚悬空，在 V^+ 引脚处接虚拟电压表。

将 LM335 预置框中的数字调到所需温度值，如+125℃，执行仿真，虚拟电压表就会显示该温度下 LM335 的输出电压值，此时虚拟电压表显示+3.99V，如图 1-46 所示。调节 LM335 预置框中的数字，即调节预置温度值，重新仿真，可以看到显示电压值都等于温度预置值。

【例 1.19】 图 1-47 所示为采用 3 个 LM335 构成的测量平均温度电路的仿真电路图，第1 个 LM335 的 V^+ 引脚通过 R1 接+15V 电源，3 个 LM335 串联后，第 3 个 LM335 的 V^- 引脚接地，3 个 ADJ 引脚均悬空，第 1 个 LM335 的 V^+ 引脚接虚拟电压表。

将 3 个 LM335 预置框中的数字调到所需温度值，如+25℃，执行仿真，虚拟电压表就会显示 3 个 LM335 串联后的输出电压值，此时虚拟电压表显示+8.94V，如图 1-47 所示。这个值恰是 3 个 2.98V 之和。调节 3 个 LM335 上预置框中的数字，使它们的环境温度各不相同，重新仿真，再将虚拟电压表显示的电压值除以 3，便可得到这 3 个 LM335 测得的环境温度的平均值。

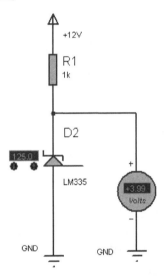

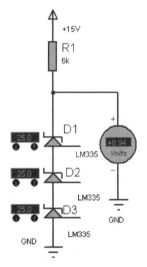

图 1-46　LM335 测试电路的
仿真电路图

图 1-47　采用 3 个 LM335 构成的测量平均
温度电路的仿真电路图

 知识加油站

国际上有多种温标或温度体系，如摄氏温标、华氏温标和热力学温标等。

（1）摄氏温标（Celsius Temperature Scale）：在标准大气压下，以水的冰点为 0℃，水的沸点为 100℃，中间分为 100 等份的温标，每等份为 1℃。这是目前世界上使用比较广泛的一种温标。由 18 世纪瑞典天文学家安德斯·摄尔修斯提出。1990 国际温标（ITS-90）对摄氏温标和热力学温标进行了统一，规定摄氏温标由热力学温标导出，即 0℃ =273.15K。

（2）华氏温标（Fahrenheit Thermometric Scale）：在标准大气压下，以水的冰点为32°F，水的沸点为212°F，中间分为180等份，每等份为1°F。目前，许多英语国家仍采用华氏温标。

（3）热力学温标（Thermodynamic Temperature Scale）：这是一种纯理论上的温标，建立在卡诺循环基础上，规定−273.15℃为零点（称为绝对零点），其分度法与摄氏温标相同（即热力学温标相差1K时，摄氏温标相差1℃），所不同的只是热力学温标中将水的冰点定为273.15K，沸点定为373.15K。热力学温标又称开氏温标，也称绝对温标、绝对温度，其单位K是国际单位制（IS）中7个基本单位之一。

热力学温标的特点是没有负值；华氏温标的特点是精度较高，因为它把水的冰点至沸点间的温度分成了180份。图1-48所示的是摄氏温标、华氏温标和热力学温标的比较图。

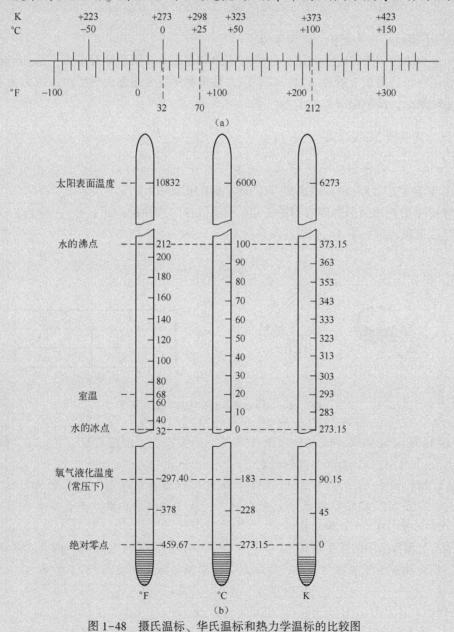

图 1-48　摄氏温标、华氏温标和热力学温标的比较图

1.6 压力传感器

1. 压力的概念

在工程上，把介质（包括气体或液体）垂直均匀作用在单位面积上的力称为压力。压力 P 可用下式表示：

$$P = \frac{F}{S}$$

式中，F 为作用力，S 为面积，P 为压力。

压力的大小常用两种表示方法，即绝对压力和表压力。所谓绝对压力，是从绝对真空算起的、作用在单位面积上的总压力；而表压力是指物体受到超出大气压力的压力大小。压力的单位是帕斯卡，简称帕（Pa）。

2. 压力传感器 MPX4250

MPX4250 是一种绝对压力传感器，测压范围为 20～250kPa，相应的输出电压为 0.2～4.9V，工作温度范围为 -40～+125℃，工作电源电压为 +5V。

MPX4250 的外形及引脚排列如图 1-49 所示。各引脚功能如下：V_{out}——输出；Gnd——地；V_S——+5V 电源输入端；第 4～6 脚均悬空。

1	V_{out}	4	N/C
2	Gnd	5	N/C
3	V_S	6	N/C

（a）外形   （b）引脚排列

图 1-49   MPX4250 的外形及引脚排列

图 1-50 所示为 MPX4250 的输出电压与压力的关系图。由图可见，$U_{out} = U_S (0.004P - 0.04) \pm Error$，其中 Error 为误差调整系数。

【例 1.20】图 1-51 所示为 MPX4250 测试电路的仿真电路图。图中的 M1 和 M2 都是 MPX4250，两个 MPX4250 的接线方式完全相同，第 1 脚接虚拟电压表，第 2 脚接地，第 3 脚接 +5.1V 电源，第 4～6 脚均悬空。

将 M1 上预置框中的数字调到 20.0kPa，再将 M2 上预置框中的数字调到 250.0kPa，执行仿真，两个虚拟电压表就会显示各自压力下的输出电压值，如图 1-51 所示。

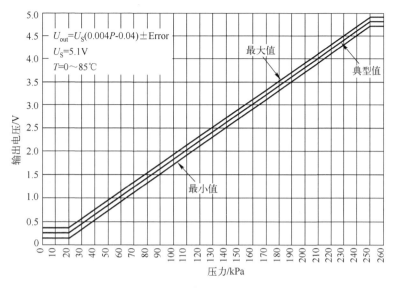

图 1-50 MPX4250 的输出电压与压力的关系图

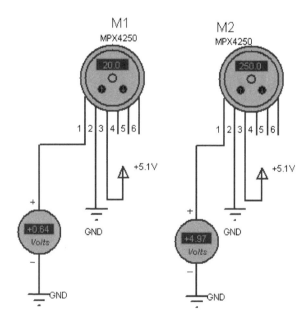

图 1-51 MPX4250 测试电路的仿真电路图

第2章 电压模式集成运算放大器

自1964年美国仙童公司研制出第一个单片集成运算放大器 μA702 以来，集成运算放大器得到了广泛的应用，目前它已成为线性集成电路中品种和数量最多的一类。

集成运算放大器是集成电路中的一种。集成电路是指在半导体制造工艺的基础上，把整个电路中的元器件制作在一块半导体基片上，构成特定功能的电子电路。集成电路的体积虽小，性能却很好。

集成电路可分为模拟集成电路、数字集成电路和混合信号集成电路。模拟集成电路又包括运算放大器（简称运放）、功率放大器（简称功放）、电压比较器、直流稳压器和专用集成电路等。在模拟集成电路中，集成运算放大器（简称集成运放）是数量最多且应用最广泛的一种。

2.1 集成运算放大器的基础知识

2.1.1 放大器的基本概念

按照输出变化量（输出信号）与输入变化量（输入信号）的不同，放大器可以分为电压放大器、电流放大器、跨阻放大器和跨导放大器4种基本形式。

1. 电压放大器

电压放大器将电压输入信号放大，为负载提供电压输出信号，属于电压控制电压源。电压放大器的放大倍数称为电压放大倍数，用 A_U 表示：

$$A_U = \frac{U_o}{U_i}$$

式中，U_i 为输入电压，U_o 为输出电压。

2. 电流放大器

电流放大器的输入信号是电流信号，输出信号也是电流信号，属于电流控制电流源。电流放大器的放大倍数称为电流放大倍数，用 A_I 表示：

$$A_I = \frac{I_o}{I_i}$$

式中，I_i 为输入电流，I_o 为输出电流。

3. 跨阻放大器

跨阻放大器的输入信号是电流信号，输出信号是电压信号，属于电流控制电压源。跨阻放大器的放大倍数称为跨阻放大倍数，用 A_{UI} 表示：

$$A_{UI} = \frac{U_o}{I_i}$$

式中，I_i 为输入电流，U_o 为输出电压。

4. 跨导放大器

跨导放大器的输入信号是电压信号，输出信号是电流信号，属于电压控制电流源。跨导放大器的放大倍数称为跨导放大倍数，用 A_{IU} 表示：

$$A_{IU} = \frac{I_o}{U_i}$$

式中，U_i 为输入电压，I_o 为输出电流。

这 4 种放大器的区别如下所述。

☺ 放大倍数各不相同，放大倍数的量纲也有差异。

☺ 信号源（或前级）对不同放大器的输入电阻 R_i 的要求不同：若信号源内阻为 R_s，对于电压输入的放大器，要求 $R_i \gg R_s$；对于电流输入的放大器，要求 $R_i \ll R_s$。

☺ 对输出电阻 R_o 的要求不同：若放大器的负载电阻为 R_L，对于电压输出的放大器，要求 $R_o \ll R_L$；对于电流输出的放大器，要求 $R_o \gg R_L$。

对于一种具体的放大器，必然属于上述 4 种基本放大器之一。严格地说，只有电压放大器属于电压模式电路，只有电流放大器属于电流模式电路；而跨阻放大器和跨导放大器属于电流/电压混合模式电路，但因在这两种放大器中电流对电路的性能起决定性作用，所以通常将其也归入电流模式电路中。

电压模式集成运放出现较早，目前仍在广泛使用，是集成运放应用的主力军；近年来，电流模式集成运放的应用越来越受到重视，发展较快。

本书介绍的集成运放以电压模式集成运放为主。我们将在第 3 章专门介绍电流模式集成运放，在第 4 章专门介绍跨导运放。至于跨阻运放，因其使用不多，就不详细介绍了。

2.1.2 集成运算放大器的特点

集成运放是一种具有高电压放大倍数、高输入电阻和低输出电阻的多级直接耦合放大电路。

由于制造工艺的原因，集成运放具有以下特点。

☺ 在集成运放中，所有元器件都在同一芯片上，距离非常近，又是通过同一工艺过程制作出来的，因此同一芯片内的元器件参数有相同的偏差，元器件之间有较好的对称性和一致性，这有利于减小温度漂移（简称温漂）。

☺ 在集成运放中，电阻和电容的值不宜做得太大，因此在结构上采用直接耦合方式。

☺ 在集成电路中常采用差动放大电路，以克服直接耦合电路存在的温度漂移问题。

☺ 在集成电路中采用三极管（或 FET）代替电阻、电容和二极管等元器件。

☺ 芯片内没有电感器。

☺ 温度补偿元器件多为半导体三极管结构。

☺ 经常采用复合管或复合电路。

2.1.3　电压模式集成运算放大器的主要参数

电压模式集成运算放大器又称电压反馈型运算放大器（Voltage-Feedback Operational Amplifier，VFA）。电压模式集成运放（VFA）的主要参数如下所述。

1. 开环差模电压放大倍数 A_{od}

开环差模电压放大倍数是指集成运放无外加反馈时的差模电压放大倍数，又称开环差模增益：

$$A_{od} = \Delta u_o / \Delta(u_P - u_N)$$

A_{od}也常用其分贝数 $20\lg|A_{od}|$ 来表示。A_{od}一般为 $10^4 \sim 10^7$，即 $80 \sim 140\text{dB}$。

2. 输入失调电压 U_{os} 及其温漂 dU_{os}/dT

由于集成运放的输入级电路参数不可能绝对对称，导致当其输入电压为零时，输出电压 u_o 并不为零。U_{os}是使输出电压为零时在输入端加的补偿电压。U_{os}越小越好，越小表明电路参数对称性越好。对于有外接调零电位器的集成运放，可以通过改变电位器滑动端的位置使得零输入时输出为零。U_{os}的值一般为数微伏至数毫伏。

dU_{os}/dT是 U_{os} 的温度系数，是衡量集成运放温漂的重要参数，其值越小，表明集成运放的温漂越小。

3. 输入失调电流 I_{os} 及其温漂 dI_{os}/dT

当集成运放输出直流电压为零时，两个输入端偏置电流的差值定义为输入失调电流，即

$$I_{os} = |I_{B1} - I_{B2}|$$

式中，I_{B1}、I_{B2}为集成运放输入级差动放大管的基极偏置电流。输入失调电流 I_{os} 反映了输入级差动放大管输入电流的不对称程度。I_{os}越小越好，一般为数纳安至 $1\mu A$。dI_{os}/dT 与 dU_{os}/dT 的含义类似。I_{os} 和 dI_{os}/dT 越小，表示集成运放的质量越好。

4. 输入偏置电流 I_{IB}

I_{IB}是指集成运放输入级差放管的基极偏置电流的平均值，即

$$I_{IB} = \frac{1}{2}(I_{B1} + I_{B2})$$

I_{IB}越小，信号源内阻对集成运放静态工作点的影响越小，I_{IB}一般为零点几微安。

5. 差模输入电阻 R_{id}

R_{id}表示集成运放的两个输入端之间的差模输入电压变化量与由它所引起的差模输入电流之比。在一个输入端测量时，另一个输入端接固定的共模电压。R_{id}越大越好，R_{id}越大，从信号源索取的电流越小。

6. 最大输出电压 U_{omax}

U_{omax}是指集成运放工作在不失真情况下能输出的最大电压。

7. 最大共模输入电压 U_{icmax}

当共模输入电压超过 U_{icmax} 时，集成运放的共模抑制性能将大大下降，甚至会造成器件损坏。

8. 最大差模输入电压 U_{idmax}

U_{idmax} 是指集成运放同相输入端与反相输入端之间所允许施加的最大差模输入电压，若超过此差模电压极限值，输入级将损坏。利用平面工艺制成的 NPN 管的 U_{idmax} 约为 ±5V，而横向双极三极管的 U_{idmax} 可达 ±30V 以上。

9. 最大输出电流 I_{omax}

I_{omax} 是指集成运放所能输出的正向或反向的峰值电流。

10. 共模抑制比 K_{CMR}

共模抑制比等于差模放大倍数 A_{od} 与共模放大倍数 A_{oc} 之比的绝对值，即

$$K_{CMR} = \left| A_{od}/A_{oc} \right|$$

K_{CMR} 也常用其分贝数 $20\lg K_{CMR}$ 来表示。这个指标用以衡量集成运放抑制温漂的能力。K_{CMR} 越大越好，K_{CMR} 越大，对温度影响的抑制能力就越大。多数集成运放的共模抑制比在 80dB 以上，高质量的可达 160dB。

11. 转换速率 SR

转换速率又称上升速率，它反映了集成运放对快速变化信号的响应能力：

$$SR = \left| du_o/dt \right|$$

SR 越大，表明集成运放的高频性能越好，其输出越能跟上频率高、幅值大的输入信号变化。通用型集成运放的 SR 约为 $0.5\sim100$V/μs。

12. -3dB 带宽 f_H

f_H 是指使开环差模增益 A_{od} 下降 3dB（或使电压放大倍数下降到其最大值的 70.7%）时的信号频率。

13. 增益带宽积 GBW、单位增益带宽 f_C

GBW 是开环差模增益 A_{od} 与 -3dB 带宽 f_H 的乘积，即 GBW = $A_{od}f_H$，它是一个常数。f_C 是指开环差模增益 A_{od} 下降到 0dB（即 $A_{od}=1$，失去放大能力）时的信号频率。增益带宽积 GBW 或单位增益带宽 f_C 较高时，集成运放可作为视频放大器来使用。

14. 功耗 P_d

P_d 表示器件在给定电源电压及空载条件下所消耗的电源总功率。

2.1.4 集成运算放大器的分类

集成运放有多种分类方法。

（1）按适用频率的不同，集成运放可分为直流放大器、音频放大器和视频放大器 3 种。

（2）按供电方式的不同，集成运放可分为双电源供电、单电源供电和单双电源任选供电 3 种。

（3）按集成度的不同，集成运放可分为单运放、双运放和四运放等。

（4）按电压和电流哪个起主要作用来分，集成运放可分为电压模式集成运放和电流模式集成运放。

（5）按制造工艺的不同，集成运放可分为双极运放、CMOS 运放和 BiMOS 运放 3 种。双极运放的输入偏置电流及元器件功耗较大；CMOS 运放具有输入阻抗高、功耗小的特点，可在低电源电压条件下工作；BiMOS 运放以 MOS 管为输入级，其输入电阻高达 $10^{12}\Omega$ 以上。

（6）按适用范围的不同，集成运放可分为通用型集成运放和专用型集成运放两大类。

2.1.5 通用型集成运算放大器

通用型集成运放是以通用为目的而设计的。这类器件的主要特点是价格低廉、产品用量大、应用面广，其性能指标适合一般性使用。例如，μA741（单运放）、LM358（双运放）、LM324（四运放）、NE5532（双运放）及以场效应管为输入级的 LF356（单运放）。它们是目前应用最为广泛的集成运放。通用型集成运放性能指标见表 2-1。

表 2-1 通用型集成运放性能指标

参 数	数 值 范 围	参 数	数 值 范 围
A_{od}/dB	$65\sim100$	K_{CMR}/dB	$70\sim90$
$R_{id}/M\Omega$	$0.5\sim2$	f_C/MHz	$0.5\sim2$
U_{os}/mV	$2\sim5$	$SR/(V/\mu s)$	$0.5\sim0.7$
$I_{os}/\mu A$	$0.2\sim2$	P_d/mW	$80\sim120$
$I_{IB}/\mu A$	$0.3\sim7$		

1. μA741

μA741 是美国仙童公司在 20 世纪 60 年代后期推出的世界上第一块成熟的集成运放，也是一种性能较好、放大倍数较高且具有内部补偿的通用型集成运放。它是一个单运放，由 ±15V 双电源供电。其主要性能：输入电阻大于 $1M\Omega$；输出电阻约为 60Ω；开环差模电压放大倍数大于 106dB。μA741 创造了一种集成电路经久不衰的奇迹，自其诞生以来，一直在生产使用。

2. LM324

LM324 由 4 个独立的高增益、内部频率补偿运放组成。它可在宽电压范围（3～32V）的单电源下工作，也可以在±(1.5～16)V 双电源下工作。它具有电压增益大、功耗低、输出电压幅值大等特点。

3. LM358

LM358 是双运放，其内部包括两个互相独立的、高增益、内部频率补偿运放模块。LM358 的电压范围很宽，既可采用（3～32）V 单电源供电方式，也可采用±(1.5～16)V 双电源供电方式。

4. NE5532

NE5532 内含两个独立运放，它是一种高性能低噪声运放，适用于电压范围很宽的双电源工作方式 $\pm(3\sim20)\mathrm{V}$，增益带宽积 GBW 为 10MHz，转换速率 SR 的典型值为 $9\mathrm{V}/\mu\mathrm{s}$，等效输入噪声为 $5\mathrm{nV}/\sqrt{\mathrm{Hz}}@1\mathrm{kHz}$。

5. LF356

LF356 的输入极采用了场效应晶体管（FET），是一种高输入阻抗单运放，适用于 $\pm(5\sim18)\mathrm{V}$ 双电源工作方式，增益带宽积 GBW 为 5MHz，转换速率 SR 的典型值为 $12\mathrm{V}/\mu\mathrm{s}$。

上述 5 种集成运放均属通用型集成运放，本章中大部分集成运放应用实例都使用这些芯片。

2.1.6　专用型集成运算放大器

1. 高输入阻抗型集成运放

通用型集成运放的差模输入电阻一般在 $1\mathrm{M}\Omega$ 以上，而高输入阻抗型集成运放的差模输入电阻高达 $10^4\sim10^{12}\mathrm{M}\Omega$。

2. 高精度低漂移型集成运放

这种类型的集成运放一般用于毫伏或更低量级的微弱信号的精密检测、高精度稳压电源及自动控制仪表中。

3. 高速型集成运放

高速型集成运放的转换速率 $\mathrm{SR}\geqslant30\mathrm{V}/\mu\mathrm{s}$，最高可达数百 $\mathrm{V}/\mu\mathrm{s}$。

4. 低功耗型集成运放

这类集成运放工作在高电源电压条件下时，最大功耗不大于 6mW；或者工作在低电源电压（如 $1.5\sim4\mathrm{V}$）条件下时，具有低静态功耗并保持良好的性能。

5. 高压型集成运放

为了得到高输出电压或大输出功率，需要解决集成运放的耐压和动态工作范围问题。目前，高压型集成运放耐压指标可达 300V 左右。

2.1.7　集成运算放大器的理想化条件

由于集成运放具有极高的开环电压放大倍数、很大的差模输入电阻和很小的输出电阻，通常是将集成运放作为理想运放进行近似分析的。

理想化条件主要有以下几点：

☺ 开环差模电压放大倍数 $A_{\mathrm{od}}\to\infty$；

☺ 差模输入电阻 $R_{\mathrm{id}}\to\infty$；

☺ 输出电阻 $R_{\mathrm{o}}\to0$；

☺ -3dB 带宽 $f_H \rightarrow \infty$;

☺ 共模抑制比 $K_{CMR} \rightarrow \infty$;

☺ 单位增益带宽 $f_C \rightarrow \infty$;

☺ 失调电压 U_{os} 及其温漂、失调电流 I_{os} 及其温漂均为 0，且无任何内部噪声。

2.1.8　集成运算放大器的电压传输特性

集成运放有同相输入端和反相输入端，这里的"同相"和"反相"是指运放的输入电压与输出电压之间的相位关系，其符号如图 2-1（a）所示。从外部看，可以认为集成运放是一个双端输入、单端输出，具有高差模放大倍数、高输入电阻、低输出电阻，能较好地抑制温漂的差动放大电路。

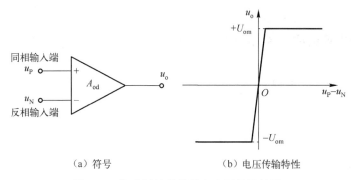

（a）符号　　　　　　　（b）电压传输特性

图 2-1　集成运放的符号和电压传输特性

集成运放的输出电压 u_o 与输入电压 $(u_P - u_N)$ 之间的关系曲线称为电压输出特性，即

$$u_o = f(u_P - u_N) \tag{2-1}$$

对于正、负两路电源供电的集成运放，其电压传输特性如图 2-1（b）所示。可以看出，它包括线性放大区域（称为线性区）和饱和区域（称为非线性区）两部分。在线性区，曲线的斜率为电压放大倍数；在非线性区，输出电压只有两种可能的情况，即 $+U_{om}$ 或 $-U_{om}$。

由于集成运放放大的是差模信号，且没有通过外电路引入反馈，故称其放大倍数为差模开环放大倍数，记作 A_{od}。当集成运放工作在线性区时，有

$$u_o = A_{od}(u_P - u_N) \tag{2-2}$$

通常 A_{od} 非常高，可达 10^5 量级，因此集成运放电压传输特性中的线性区非常窄。

2.1.9　集成运算放大器在实际使用中应注意的问题

1. 电源的使用

通常，集成运放有两个电源接线端 $+V_{CC}$ 和 $-V_{EE}$，分为如下 3 种不同的电源供给方式。

（1）对称双电源供电方式：集成运放大多采用这种供电方式，相对于公共端，正电源（$+U_{CC}$）和负电源（$-U_{CC}$）分别和集成运放的 $+V_{CC}$ 和 $-V_{EE}$ 引脚连接。在这种方式下，信号源直接接到运放的输入引脚上，而输出电压的振幅在理论上接近正、负对称电源电压。

（2）单电源供电方式：单电源供电是将电源的 $-V_{EE}$ 引脚接地，此时运放的输出信号是在某一直流电位基础上随输入信号变化。

（3）既可对称双电源供电也可单电源供电，由用户选择其中一种方式即可。

2. 集成运算放大器的零点调整及自激振荡问题

（1）零点调整：由于集成运放的输入失调电压和输入失调电流的影响，当运放组成的线性电路输入信号为零时，其输出信号往往不为零。为了提高电路的运算精度，要求对失调电压和失调电流造成的误差进行补偿，这就是运放的零点调整（简称调零）。常用的调零电路如图 2-2 所示。

（2）自激振荡问题：运放是一个高放大倍数的多级放大器，在接成深度负反馈条件下，容易产生自激振荡。为使运放能稳定工作，需外加一定的频率补偿网络，以消除自激振荡。图 2-3 所示的是相位补偿的实用电路。另外，为防止电源内阻造成低频振荡或高频振荡，可以在集成运放的正、负供电电源端对地分别加入一个电解电容（10μF）和一个高频滤波电容（0.01～0.1μF）。

3. 运放的保护

运放的保护包括电源保护、输入保护和输出保护 3 个方面。

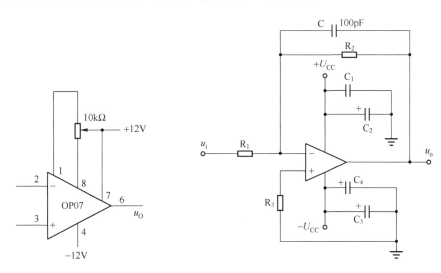

图 2-2　常用的调零电路　　　　图 2-3　相位补偿的实用电路

（1）电源保护：如图 2-4 所示，利用二极管的单向导电特性，防止由于电源极性接反而造成的损坏。当电源极性错接成上负下正时，VD_1 和 VD_2 均不导通，等于电源断路，从而起到保护作用。

（2）输入保护：利用二极管的限幅作用，对输入信号幅值加以限制，以免输入信号超过额定值而损坏集成运放的内部结构，如图 2-5 所示。图 2-5（a）所示的是反相输入保护，限制集成运放两个输入端之间的差模输入电压不超过二极管 VD_1、VD_2 的正向导通电压。图 2-5（b）所示的是同相输入保护，限制集成运放两个输入端之间的共模输入电压不超过 $+U$～$-U$ 的范围。

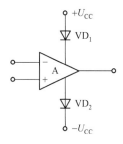

图 2-4　集成运放的电源保护

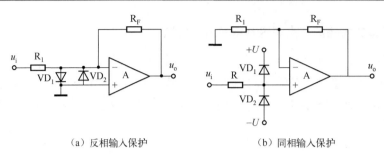

（a）反相输入保护　　　　　　　（b）同相输入保护

图2-5　集成运放的输入保护

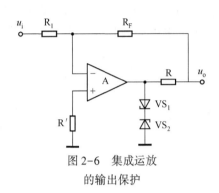

图2-6　集成运放
的输出保护

（3）输出保护：将两个稳压二极管背对背接到放大电路的输出端，可以起到输出保护作用，如图2-6所示。当放大电路的输出电压过高时，稳压管 VS_1 或 VS_2 将被反向击穿，使集成运放输出电压被限制在 VS_1 或 VS_2 的稳压值上，从而避免了损坏。

2.2　集成运算放大器的应用

2.2.1　基本运算放大器

能把小信号变成大信号的电路称为放大电路。放大电路因其使用的放大元器件不同可分为电子管放大电路、晶体管放大电路、场效应管放大电路、集成运放放大电路。本章讨论的是集成运放放大电路。集成运放放大电路又可以分成两类：一类称为基本放大电路，其信号放大倍数是由接在电路中的两个电阻器的电阻值之比决定的；另一类称为仪表放大器，其信号放大倍数是由接在电路中的一个电阻器的电阻值来决定的。

在集成运放放大电路中，有3种基本放大电路，即反相输入放大电路、同相输入放大电路及差动输入放大电路。3种基本放大电路的比较见表2-2。

表2-2　3种基本放大电路的比较

	反相输入放大电路	同相输入放大电路	差动输入放大电路
电路组成	要求 $R_2 = R_1 /\!/ R_F$	要求 $R_2 = R_1 /\!/ R_F$	要求 $R_1 = R_2$、$R_F = R'$

续表

	反相输入放大电路	同相输入放大电路	差动输入放大电路
输出与输入 的关系	$u_o = -\dfrac{R_F}{R_1}u_i$ u_o 与 u_i 反相	$u_o = \left(1+\dfrac{R_F}{R_1}\right)u_i$ u_o 与 u_i 同相	$u_o = -\dfrac{R_F}{R_1}(u_{i1}-u_{i2})$
R_i	不高，$R_i = R_1$	高，$R_i \to \infty$	不高，$R_i = 2R_1$
R_o	低	低	低
性能特点	实现反相比例运算；引入电压并联负反馈；"虚地"，共模输入电压低；输入电阻不高；输出电阻低	实现同相比例运算；引入电压串联负反馈；"虚短"，但不"虚地"，共模输入电压高；输入电阻高；输出电阻低	实现差动比例运算（即减法运算）；"虚短"，但不"虚地"，共模输入电压高；输入电阻不高；输出电阻低；输入元件对称性要求高

1. 反相输入放大电路

（1）基本电路：反相输入放大电路如图 2-7 所示。由图可见，输入电压 u_i 通过 R_1 作用于集成运放的反相输入端，故输出电压 u_o 与 u_i 反相。同相输入端通过 R′ 接地，R′ 为补偿电阻器，以保证集成运放输入级差动放大电路的对称性，其电阻值等于 $u_i = 0$ 时反相输入端总等效电阻，即各支路电阻的并联，因此，$R' = R /\!/ R_F$。

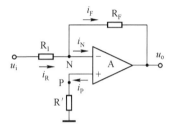

图 2-7　反相输入放大电路

说明

　　通常，在分析运算放大电路时均假设集成运放为理想运放，因此其两个输入端之间的电压为 0，即 $u_N - u_P = 0$，或 $u_N = u_P$，称之为"虚短路"，简称"虚短"；两个输入端之间的净输入电流为 0，即 $i_N = i_P = 0$，称之为"虚断路"，简称"虚断"。"虚短"和"虚断"的概念是分析运算放大电路的基本出发点。

根据"虚短"和"虚断"的概念，可得：

$$u_o = -\frac{R_F}{R}u_i \tag{2-3}$$

u_o 与 u_i 成比例关系，比例系数为 $-R_F/R$，负号表示 u_o 与 u_i 反相。此电路的输出电阻 $R_o = 0$，输入电阻为

$$R_i = R$$

由此可见，要增大电路的输入电阻，就必须增大 R。例如，在比例系数为 -100 的情况下，若要求 $R_i = 10\text{k}\Omega$，则 R 应取 $10\text{k}\Omega$，R_F 应取 $1\text{M}\Omega$；若要求 $R_i = 100\text{k}\Omega$，则 R 应取 $100\text{k}\Omega$，R_F 应取 $10\text{M}\Omega$。但是，当电路中电阻取值过大时，不仅电阻稳定性变差、噪声变大，放大电路的比例系数也会变化。解决这一矛盾的办法是用"T"形网络代替反馈电阻 R_F。

【例 2.1】图 2-8 所示的是采用 LM324 构成的反相输入放大电路的仿真电路图，电源电压为 ±12V。已知，图中 R1 = R2 = 10kΩ，RF = 100kΩ，故电路放大倍数为 -10。从 ui 处输入信号，从 uo 处输出信号，求反相输入放大电路的输出电压及频率响应曲线。

首先，给 ui 加 1V 直流电压信号，用 Proteus 软件进行仿真，可以绘出电路的输入-输出

关系图，如图2-9所示。由图可见，所加信号为1V直流电压信号时，输出的是-10V直流电压信号，电路放大倍数为-10。接下来每加一种直流电压信号，就看一次输出结果，可以得出如下结论：当输入电压太小（小于100mV）或太大（大于1150mV）时，电路不能按给定的放大倍数（-10）不失真地放大。

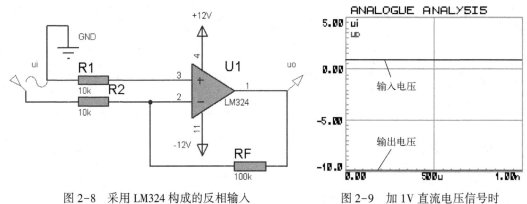

图2-8　采用LM324构成的反相输入
放大电路的仿真电路图

图2-9　加1V直流电压信号时
电路的输入-输出关系图

然后，给ui加交流电压信号（幅值为1.2V、频率为1kHz），用Proteus软件进行仿真，可以绘出电路的输入-输出关系图，如图2-10所示。由图可见，输入信号与输出信号相位相反，且输出信号的顶部和底部被削去，表明波形已失真。加入不同幅值的交流电压信号，逐一检查输出波形，就可得出和加入直流信号时相同的结论，即当输入电压太小（小于100mV）或太大（大于1150mV）时，电路不能按给定的放大倍数（-10）不失真地放大。

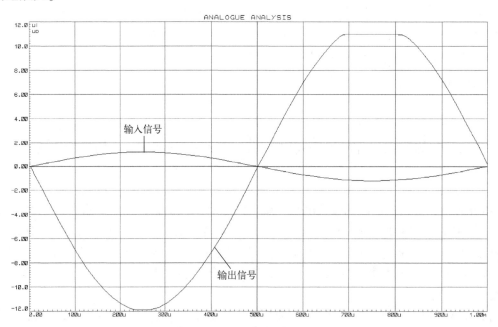

图2-10　加幅值为1.2V、频率为1kHz的交流电压信号时
反相输入放大电路的输入-输出关系图

这里所说的输入电压范围，是针对 LM324 构成的反相输入放大电路而言的，由其他型号的集成运放构成的反相输入放大电路的输入电压范围不一定与此相同。但是，一般来说，合适输入电压的上限都是电源电压（通常都低于电源电压）；合适输入电压的下限对不同的集成运放而言就不同，那些能放大微弱信号的精密放大器，其合适输入电压的下限较低。

　　图 2-11 所示的是采用 LM324 构成的反相输入放大电路幅频特性和相频特性曲线。由图可见，在频率约小于 80kHz 的范围内，放大器增益为 20dB，放大倍数相当于 10 倍。在此范围内，放大器的相位为 180°，这表明输出信号与输入信号反相。

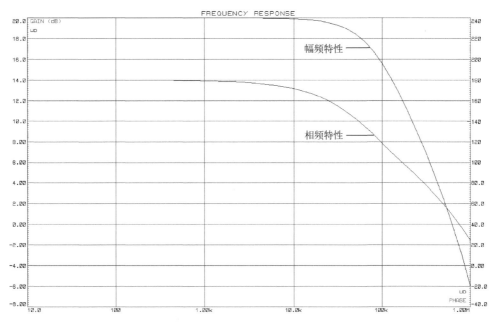

图 2-11　采用 LM324 构成的反相输入放大电路幅频特性和相频特性曲线

　　（2）"T"形网络反相输入放大电路："T"形网络反相输入放大电路如图 2-12 所示，因 R_2、R_3 和 R_4 构成大写英文字母 T 而得名。和图 2-7 比较，这里用"T"形网络代替了反馈电阻 R_F。

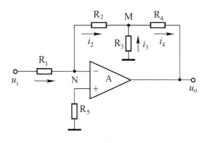

图 2-12　"T"形网络反相输入放大电路

　　"T"形网络反相输入放大电路的输入电压 u_i 与输出电压 u_o 之间的关系为

$$u_o = -\frac{R_2+R_4}{R_1}\left(1+\frac{R_2 /\!/ R_4}{R_3}\right)u_i \qquad (2-4)$$

"T"形网络反相输入放大电路的输入电阻 $R_i = R_1$。还看比例系数为 -100 的情况，若要求 $R_i = 100\text{k}\Omega$，则 R_1 应取 $100\text{k}\Omega$；如果 R_2 和 R_4 也取 $100\text{k}\Omega$，那么只要 R_3 取 $1.02\text{k}\Omega$，即可得到 -100 的比例系数。

【例2.2】采用 LM324 构成的"T"形网络反相输入放大电路的仿真电路图如图 2-13 所示。现在要设计一个比例系数为 -100 且输入电阻为 $100\text{k}\Omega$ 的反相输入放大电路。要求 $R_i = 100\text{k}\Omega$，则 R_1 应取 $100\text{k}\Omega$；如果 R_2 和 R_4 也取 $100\text{k}\Omega$，则 R_3 取 $1.02\text{k}\Omega$。图中，输入信号 IN-PUT 为 100mV 直流信号，输出信号 OUT 用虚拟电压表测量。

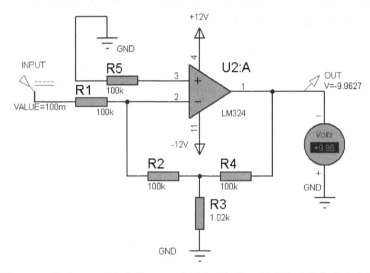

图 2-13　采用 LM324 构成的"T"形网络反相输入放大电路的仿真电路图

用 Proteus 软件进行仿真，将得到如图 2-13 所示"T"形网络反相输入放大电路测试结果。虚拟电压表显示所测输出电压为 $+9.96\text{V}$，但由于图中虚拟电压表正负极反接，所以此电压值应为 -9.96V。100mV 直流电压输入信号经 -100 倍的放大电路放大，输出理论值应为 -10V，仿真实测值为 -9.96V，在精度要求范围内。

由此可见，用"T"形网络反相输入放大电路既可实现比例系数为 -100 且输入电阻为 $100\text{k}\Omega$ 的设计要求，还可避免使用极易增大噪声的、超过 $1\text{M}\Omega$ 以上高阻值电阻（若采用基本放大电路，需要有一个电阻值为 $10\text{M}\Omega$ 的反馈电阻）。

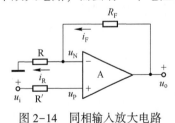

图 2-14　同相输入放大电路

2. 同相输入放大电路

（1）同相输入放大电路：同相输入放大电路如图 2-14 所示。同相输入放大电路的输入-输出关系为

$$u_o = \left(1+\frac{R_F}{R}\right)u_i \qquad (2-5)$$

式（2-5）表明，u_o 与 u_i 同相且 $u_o \geqslant u_i$。这种电路的放大倍数不可能小于 1，输出电阻 $R_o = \infty$，输入电阻 $R_i = 0$。

【例2.3】图 2-15 所示为采用 LM324 构成的同相输入放大电路的仿真电路图。图中：电源电压为±12V；R1＝R2＝10kΩ，RF＝90kΩ，故电路放大倍数为 1+RF/R2＝1+90/10＝10。从 ui 处输入信号，从 uo 处输出信号，求同相输入放大电路的输入-输出关系。

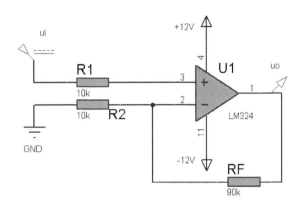

图 2-15　采用 LM324 构成的同相输入放大电路的仿真电路图

　　首先，给 ui 加直流电压信号，用 Proteus 软件进行仿真，可以绘出电路的输入-输出关系图，从关系图上就可以求出放大倍数。每加一种直流电压信号，就观察一次输出结果，经多次测试，可得出如下结论：当输入电压太小（小于 100mV）或太大（大于 1150mV）时，该电路不能按给定的放大倍数（10）不失真地放大。

　　其次，给 ui 加交流电压信号，如幅值为 1.1V、频率为 1kHz 的交流信号，用 Proteus 软件进行仿真，可以绘出该电路的输入-输出关系图，如图 2-16 所示。由图可见，输入信号与输出信号相位相同，且输出的正弦波波形未失真。加入不同幅值的交流信号，逐一检查输出，就可以得出和加入直流信号时相同的结论，即当输入电压太小（小于 100mV）或太大（大于 1150mV）时，该电路不能按给定的放大倍数（10）不失真地放大。

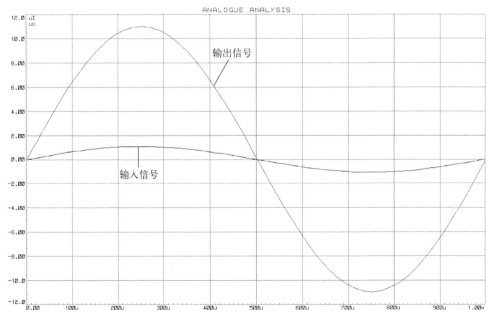

图 2-16　加交流电压信号时同相输入放大电路的输入-输出关系图

（2）电压跟随器：在同相输入放大电路中，将输出电压全部反馈到反相输入端，即可构成电压跟随器，如图 2-17 所示。这种电路的输出电压与输入电压的关系为

$$u_o = u_i \qquad (2-6)$$

理想运算放大器的开环差模增益为无穷大，因而电压跟随器具有比射极跟随器好得多的跟随性能。

【例 2.4】 图 2-18 所示的是采用 LM324 构成的电压跟随器的仿真电路图。图中：电源电压为 ±12V；R1 = RF = 10kΩ；从 ui 处输入信号，从 uo 处输出信号。求电压跟随器的输入-输出关系。

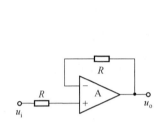

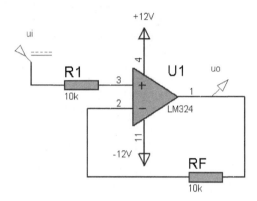

图 2-17　电压跟随器　　　　　图 2-18　采用 LM324 构成的电压跟随器的仿真电路图

给 ui 加交流电压信号，如幅值为 2V、频率为 1kHz 的交流信号，用 Proteus 软件进行仿真，可以绘出电路的输入-输出关系图，如图 2-19 所示。由图可见，只有一个幅值为 2V、频率为 1kHz 的正弦交流信号。那么输入信号到哪里去了？原来是两条曲线重合到一起了。由此可知，由集成运算放大器构成的电压跟随器比其他跟随器（如用三极管组成的射极跟随器）的跟随效果要好得多。

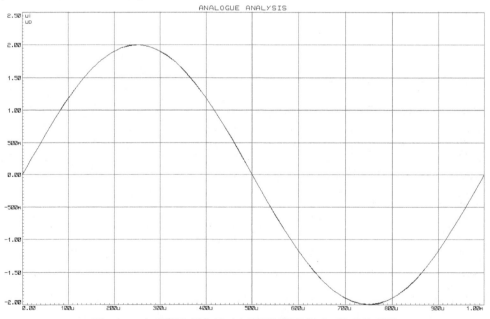

图 2-19　加交流电压信号时电压跟随器的输入-输出关系图

3. 差动输入放大电路

差动输入放大电路如图 2-20 所示。该电路的特点是有两个信号输入端，且参数对称。所谓参数对称，是指正相输入端电阻和反相输入端电阻相同（都等于 R），反馈电阻和正相输入端对地电阻相同（都等于 R_F）。其输入电压与输出电压的关系为

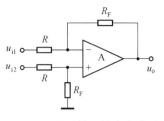

图 2-20　差动输入放大电路图

$$u_o = \frac{R_F}{R}(u_{i2} - u_{i1}) \tag{2-7}$$

由此可知，差动输入放大电路放大的是两个输入信号之差（正相输入端接被减数信号，反相输入端接减数信号），放大倍数则由 R_F/R 之比确定。

【例 2.5】图 2-21 所示的是采用 LM324 构成的差动输入放大电路的仿真电路图。图中：电源电压为 ±12V；R1 = R2 = 10kΩ，R3 = RF = 100kΩ，故两信号之差的放大倍数为 RF/R2 = 100/10 = 10。从 UI1 和 UI2 处输入信号，从 uo 处输出信号，求差动输入放大电路的输入–输出关系。

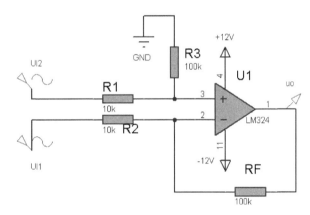

图 2-21　采用 LM324 构成的差动输入放大电路的仿真电路图

首先，加直流电压信号，用 Proteus 软件进行仿真，可以绘出该电路的输入–输出关系图，从关系图上就可以求出放大倍数。每加一种直流电压信号，就观察一次输出结果。经多次测试，可得出如下结论：当输入电压差（正相输入端接被减数信号，反相输入端接减数信号）太小（小于 100mV）或太大（大于 1150mV）时，该电路不能按给定的放大倍数（等于 10）不失真地放大。

其次，加交流电压信号，如给 UI2 加幅值为 1.4V、频率为 1kHz 的交流信号，给 UI1 加幅值为 0.2V、频率为 1kHz 的交流信号，用 Proteus 软件进行仿真，可以绘出该电路的输入–输出关系图，如图 2-22 所示。由图可见，UI2 是 1.4V 交流电压输入信号，UI1 是 0.2V 交流电压输入信号，uo 是对前两者之差放大了 10 倍的电压输出信号。图中，输出的正弦波信号波形有失真，是因为其幅值超过 11.5V 的缘故。就这样由小到大给两个输入端加入不同的交流信号，逐一检查输出电压，即可得出与加入直流信号时相同的结论，即当输入电压太小（小于 100mV）或太大（大于 1150mV）时，该电路不能按给定的放大倍数（10）不失真地放大。

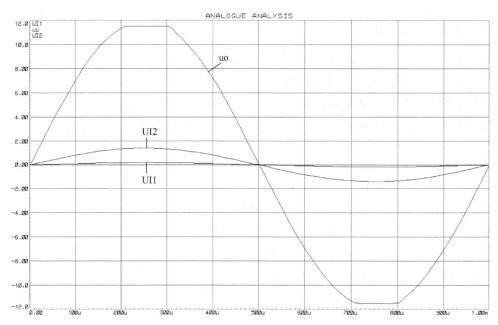

图2-22　加交流电压信号时差动输入放大电路的输入-输出关系图

　在差动放大电路中，正相输入端接被减数信号，反相输入端接减数信号。

　　现在我们知道，在以上3种基本放大电路中，电路的放大倍数只取决于电路中两个电阻的比值，但并不是说只要得到相同比值，就能获得相应的放大倍数。前面说过，当放大电路中电阻取值过大时，不仅电阻稳定性变差、噪声变大，放大电路的比例系数也会变化。其实，电阻取值也不能过小，过小时放大电路的比例系数也会变化。放大电路中的电阻值一般在数百欧到数百千欧之间。

　　【例2.6】试用LM324实现以下比例运算：$A = u_o/u_i = 0.5$，利用Proteus软件绘制电路图，并估算电阻的参数值。

　　首先考虑$A = u_o/u_i = 0.5$，即输入与输出同相，似乎可以采用同相输入放大电路。但是，同相输入放大电路的$A \geqslant 1.0$，不能实现$A = u_o/u_i = 0.5$的要求。若采用反相输入放大电路，放大倍数虽然可以小于1，但它是反相的。若选用两个反相输入放大电路串联，负负得正，使$A_1 = -0.5$，$A_2 = -1$，即可满足要求。由两个反相输入放大电路串联得到的电路如图2-23所示。

　　要求$A_1 = u01/ui = -RF1/R1 = -0.5$，可取

$$RF1 = 10k\Omega, \quad R1 = 20k\Omega$$

　　要求$A_2 = uo/u01 = -RF2/R2 = -1$，可取

$$RF2 = 10k\Omega, \quad R2 = 10k\Omega$$

整个放大电路的放大倍数为

$$A = A_1 \times A_2 = (-0.5) \times (-1) = 0.5$$

两个同相输入端对地电阻应取

$$RP1 = RF1 // R1 = 10k\Omega // 20k\Omega \approx 6.7k\Omega$$

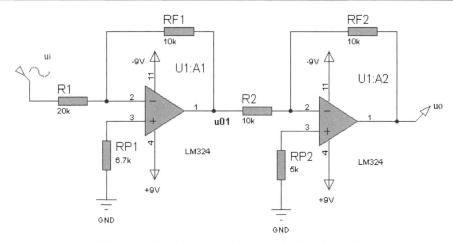

图 2-23　由两个反相输入放大电路串联得到的电路

$$RP2 = RF2 // R2 = 10k\Omega // 10k\Omega = 5k\Omega$$

给 ui 加幅值为 1V、频率为 1kHz 的交流信号，用 Proteus 软件进行仿真，可以绘出图 2-23 所示放大电路的输入-输出关系图，如图 2-24 所示。由图可见，ui 是幅值为 1V、频率为 1kHz 的交流电压信号，uo 是幅值为 0.5V、1kHz 交流电压信号。

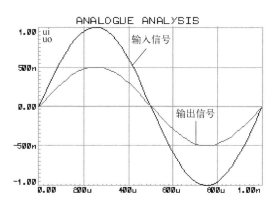

图 2-24　图 2-23 所示放大电路的输入-输出关系图

2.2.2　线性数学运算电路

1. 加/减运算电路

实现对多个输入信号按各自不同的比例求和或求差的电路称为加/减运算电路。若所有输入信号均作用于集成运放的同一输入端，则实现加法运算；若一部分输入信号作用于同相输入端，而另一部分输入信号作用于反相输入端，则实现加/减法运算。

1）求和运算电路

（1）反相求和运算电路：当多个输入信号均作用于集成运放的反相输入端时，即可构成反相求和运算电路，如图 2-25 所示。

根据"虚短"和"虚断"的原则，在 $R_4 = R_1 // R_2 // R_3$ 的前提下，u_o 的表达式为

$$u_o = -R_F \left(\frac{u_{i1}}{R_1} + \frac{u_{i2}}{R_2} + \frac{u_{i3}}{R_3} \right) \tag{2-8}$$

或

$$u_o = -\frac{R_F}{R_1} u_{i1} - \frac{R_F}{R_2} u_{i2} - \frac{R_F}{R_3} u_{i3} \tag{2-9}$$

如果该放大电路中 $R_1 = R_2 = R_3 = R_F$，则式（2-9）变成

$$u_o = -(u_{i1} + u_{i2} + u_{i3}) \tag{2-10}$$

此时，输出电压等于各输入电压之反相和。

电压相加带来波形相加。例如，有两个电压信号，一个是矩形波，另一个是正弦波，将其接到反相求和电路的输入端，且取 $R_1 = R_2 = R_F$，则相加结果是两波形之和并反相，如图 2-26 所示。

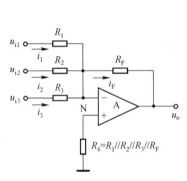

图 2-25　反相求和运算电路

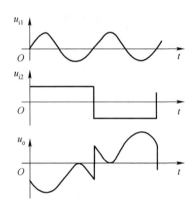

图 2-26　两波形相加的结果

【例 2.7】 图 2-27 所示的是采用 μA741 构成的反相求和运算电路的仿真电路图。图中：电源电压为 ±12V；R1 = R2 = R3 = RF = 10kΩ，R4 = 2.5kΩ，这样 R4 的电阻值就满足关系式 R4 = R1//R2//R3//RF。从 INPUT1、INPUT2 和 INPUT3 处输入信号，从 OUTPUT 处输出信号，求该反相求和运算电路的输入-输出关系。

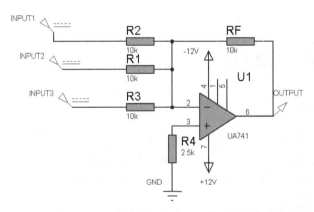

图 2-27　采用 μA741 构成的反相求和运算电路的仿真电路图

在 INPUT1、INPUT2 和 INPUT3 这 3 个输入端均输入 1V 直流电压信号，用 Proteus 软件进行仿真，可以绘出该电路的输入-输出关系图，如图 2-28 所示。由图可见，当 3 个输入

端均加 1V 直流电压信号时，输出的是-3V 直流电压信号。

（2）同相求和运算电路：当多个输入信号同时作用于集成运放的同相输入端时，即可构成同相求和运算电路，如图 2-29 所示。

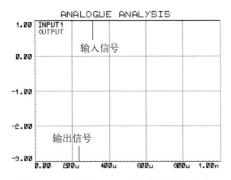

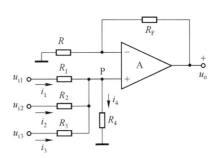

图 2-28　采用 μA741 构成的反相求和　　　　图 2-29　同相求和运算电路

运算电路的输入-输出关系图

根据"虚短"和"虚断"的原则，u_o 的表达式为

$$u_\text{o} = R_\text{F}\left(\frac{u_\text{i1}}{R_1} + \frac{u_\text{i2}}{R_2} + \frac{u_\text{i3}}{R_3}\right) \tag{2-11}$$

但式（2-11）成立的条件是 $R//R_\text{F} = R_1//R_2//R_3//R_4$。式（2-11）与式（2-9）相比，只差一个符号，但式（2-11）只有在严格的匹配情况下才是正确的。如果调整某一路信号的电阻（R_1、R_2 或 R_3）的电阻值，则必须相应改变 R_4 的电阻值，使 $R//R_\text{F}$ 严格与 $R_1//R_2//$ $R_3//R_4$ 相等，所以没有反相求和运算电路那么便于实现。

【例 2.8】图 2-30 所示的是采用 μA741 构成的同相求和运算电路的仿真电路图。图中：电源电压为±12V；R1=R2=R3=R4=100kΩ，R=RF=50kΩ，这样才符合条件 $R_\text{N} = R_\text{P}$（$R_\text{N} =$ R//RF，R_P =R1//R2//R3//R4）。从 ui1、ui2 和 ui3 处输入信号，从 uo 处输出信号，求同相求和运算电路的输入-输出关系。

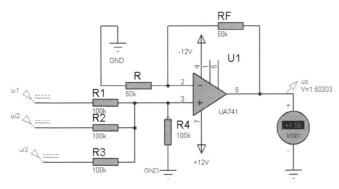

图 2-30　采用 μA741 构成的同相求和运算电路的仿真电路图

在 ui1、ui2 和 ui3 三个输入端均输入 1V 直流电压信号，用 Proteus 软件进行仿真，可以绘出该电路的输入-输出关系图，如图 2-31 所示。由图可见，当 3 个输入端均加 1V 直流电压信号时，输出的是 1.5V 直流电压信号。

2）加/减运算电路

从前面的分析可知，放大电路的输出电压与同相端输入电压极性相同，与反相端输入电压极性相反，因此当多个信号同时作用于两个输入端时，就可以实现加/减运算。图2-32所示为四输入加/减运算电路。

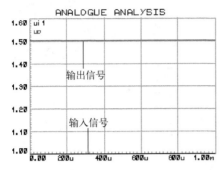

图2-31　采用 μA741 构成的同相求和
运算电路的输入-输出关系图

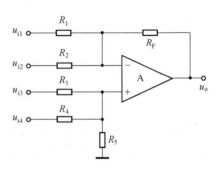

图2-32　四输入加/减运算电路

实现加/减运算时，在 $R_1 // R_2 // R_F = R_3 // R_4 // R_5$ 的前提下，可推出输出电压 u_o 与各个输入电压之间的关系为

$$u_o = R_F\left(\frac{u_{i3}}{R_3} + \frac{u_{i4}}{R_4} - \frac{u_{i1}}{R_1} - \frac{u_{i2}}{R_2}\right) \tag{2-12}$$

若加/减运算电路中只有两个输入信号，同相输入 ui2，反相输入 ui1，且参数对称，则

$$u_o = \frac{R_F}{R_1}(u_{i2} - u_{i1}) \tag{2-13}$$

这就是前面介绍过的差动输入放大电路的输入-输出关系式。

【例2.9】图2-33所示的是采用 μA741 构成的加/减运算电路的仿真电路图。图中：电源电压为±12V；R1=R2=R3=R4=R5=RF=10kΩ。从 ui1～ui4 处输入信号，从 uo 处输出信号，求加/减运算电路的输入-输出关系。

在 ui1～ui4 这4个输入端均输入幅值为1V、频率为1kHz的交流信号，用 Proteus 软件进行仿真，可以绘出该电路的输入-输出关系图，如图2-34所示。由图可见，当4个输入端均加入同频率（1kHz）、同幅值（1V）交流信号时，输出的是0V的直流信号。该输出电压也可由式（2-12）求得：$u_o = 10 \times \left(\frac{1}{10} + \frac{1}{10} - \frac{1}{10} - \frac{1}{10}\right)$ V = 0V。

3）组合加/减运算电路

从前面的分析可知，与反相输入求和运算电路相比，同相输入求和运算电路有很多缺点。图2-35所示的是一个由两级反相输入求和运算电路组成的加/减运算电路，可称之为组合加/减运算电路。与前面介绍的由一个运放组成的加/减运算电路不同，这里要用到两个运放。反相输入放大电路具有很深的电压负反馈，其输出电阻可视为零，考虑后级输入电压时可视前级等效内阻为零，即前级的输出电压等于后级的输入电压，由此可推得这种组合

加/减运算电路的输出电压与输入电压之间的关系为

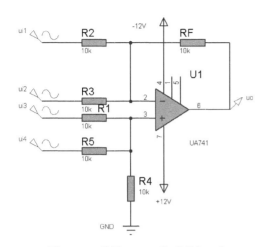

图 2-33 采用 μA741 构成的加/减
运算电路的仿真电路图

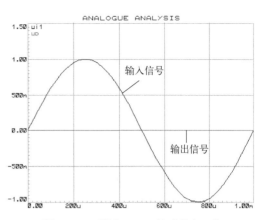

图 2-34 采用 μA741 构成的加/减
运算电路的输入-输出关系图

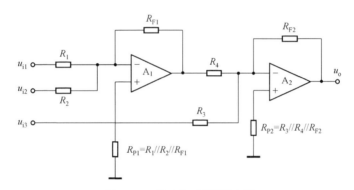

图 2-35 组合加/减运算电路

$$u_{\mathrm{o}} = R_{\mathrm{F2}}\left[\frac{R_{\mathrm{F1}}}{R_4}\left(\frac{u_{\mathrm{i1}}}{R_1} + \frac{u_{\mathrm{i2}}}{R_2}\right) - \frac{u_{\mathrm{i3}}}{R_3}\right] \qquad (2\text{-}14)$$

若取 $R_{\mathrm{F1}} = R_4$，则

$$u_{\mathrm{o}} = R_{\mathrm{F2}}\left(\frac{u_{\mathrm{i1}}}{R_1} + \frac{u_{\mathrm{i2}}}{R_2} - \frac{u_{\mathrm{i3}}}{R_3}\right) \qquad (2\text{-}15)$$

若再取 $R_{\mathrm{F2}} = R_1 = R_2 = R_3$，则

$$u_{\mathrm{o}} = u_{\mathrm{i1}} + u_{\mathrm{i2}} - u_{\mathrm{i3}} \qquad (2\text{-}16)$$

【例 2.10】 图 2-36 所示的是采用 LM324 构成的组合加/减运算电路的仿真电路图。图中：电源电压为 ±12V；RF1 = RF2 = R1 = R2 = R3 = R4 = 10kΩ，RP1 = RP2 = 3.3kΩ。试求该组合加/减运算电路的输出电压。

图中电阻值满足以下关系：RF1 = R4，RF2 = R1 = R2 = R3，RP1 = R1//R2//RF1，RP2 = R3//R4//RF2。根据前面介绍的组合加/减运算电路特点，可利用式（2-16）来计算该电路的输出电压值。

若在 ui1 端输入+0.4V 直流电压信号，在 ui2 端输入+0.3V 直流电压信号，在 ui3 端输入+0.2V 直流电压信号，用 Proteus 软件进行仿真，可以得出该电路的输出电压值，如图 2-36 所示。图中的虚拟电压表显示输出电压值为+0.50V。

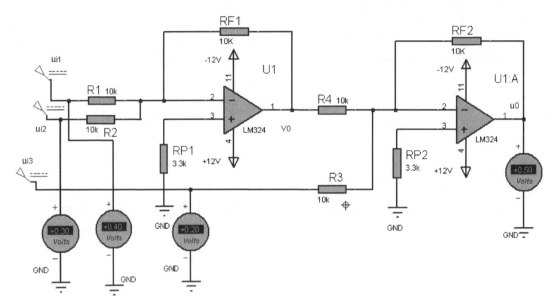

图 2-36　采用 LM324 构成的组合加/减运算电路的仿真电路图

根据式（2-16）计算得出的该电路的输出电压值为

$$u_o = u_{i1} + u_{i2} - u_{i3} = 0.4V + 0.3V - 0.2V = 0.5V$$

由此可见，用 Proteus 软件仿真得到的电路输出电压值与其理论计算值是一致的。

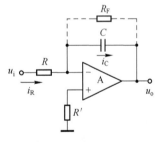

图 2-37　基本积分运算电路

2. 积分运算电路

图 2-37 所示的是由集成运放构成的基本积分运算电路（或称反相积分运算电路），图中用虚线连接的电阻 R_F 是为防止低频增益过大而增加的。根据"虚短"和"虚断"的原则，可推得 u_o 表达式为

$$u_o = - \frac{1}{RC} \int u_i dt \qquad (2-17)$$

式（2-17）表明，输出电压 u_o 是输入电压 u_i 对时间的积分 t，负号表示输出电压和输入电压在相位上是相反的。

当 u_i 为常量时，输出电压为

$$u_o = -\frac{1}{RC} u_i (t_2 - t_1) + u_o(t_1) \qquad (2-18)$$

当 u_i 为阶跃信号时，若 t_0 时刻电容上的电压为零，则输出电压波形如图 2-38（a）所示。当输入分别为方波信号和正弦波信号时，输出电压波形分别如图 2-38（b）和（c）所示。

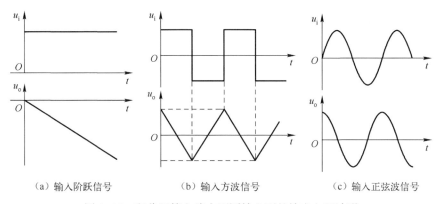

（a）输入阶跃信号　　　（b）输入方波信号　　　（c）输入正弦波信号

图 2-38　积分运算电路在不同输入下的输出电压波形

【例 2.11】图 2-39 所示的是采用 μA741 构成的基本积分运算电路的仿真电路图。图中：电源电压为 ±12V；R1 = 10kΩ，R2 = 10kΩ，RF = 100kΩ；C1 = 0.1μF。从 ui 处输入信号，从 uo 处输出信号，试求该基本积分运算电路的输入–输出关系。

给 ui 端输入幅值为 1V、频率为 1kHz 的正弦波交流电压信号，用 Proteus 软件进行仿真，可以绘制出该电路的输入–输出关系图，如图 2-40 所示。

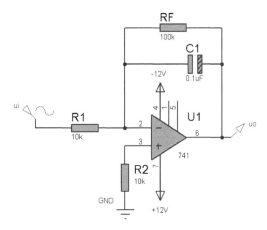

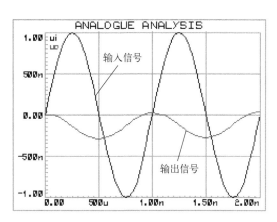

图 2-39　采用 μA741 构成的基本积分　　　　　图 2-40　采用 μA741 构成的基本积分
　　　运算电路的仿真电路图　　　　　　　　　　　运算电路的输入–输出关系图

根据式（2-17），若 $u_i = U_m \sin\omega t$，则有

$$u_o = -\frac{1}{RC}\int U_m \sin\omega t\,dt = \frac{U_m}{\omega RC}\cos\omega t = \frac{U_m}{\omega RC}\sin(90° + \omega t)$$

这里，$u_i = U_m \sin\omega t = \sin2\pi1000t$，R1 = 10kΩ，C1 = 0.1μF，故

$$u_o = \frac{U_m}{\omega R1C1}\sin(90° + \omega t) = \frac{1}{2\pi1000R1C1}\sin(90° + 2\pi1000t)$$

$$= \frac{1}{2\pi1000 \times 10 \times 10^3 \times 0.1 \times 10^{-6}}\sin(90° + 2\pi1000t)$$

$$= \frac{1}{2\pi}\sin(90° + 2\pi1000t)$$

由此可见，该电路输出结果为幅值被衰减了的相位超前90°的正弦波信号，与图2-40中所示的波形相同。

3. 微分运算电路

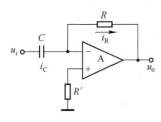

图2-41　基本微分运算电路

（1）基本微分运算电路：图2-41所示的是由集成运放构成的基本微分运算电路。它是将图2-37所示电路中的 R 和 C 的位置互换得到的。根据"虚短"和"虚断"的原则，可得 u_o 的表达式为

$$u_o = -RC \frac{\mathrm{d}u_i}{\mathrm{d}t} \tag{2-19}$$

可见，输出电压 u_o 正比于输入电压 u_i 对时间 t 的微分，负号表示输出电压和输入电压在相位上是相反的。

（2）实用微分运算电路：在图2-41所示电路中，当输入电压变化时，极易使集成运放内部的放大管进入饱和或截止状态，从而使电路不能正常工作。解决的办法是：在输入端串联一个小的 R_1，在 R 上并联稳压二极管 VS_1、VS_2 和小的 C_1，如图2-42所示。该电路的输出电压与输入电压成近似微分关系，若输入电压为方波，且 $RC \ll T/2$（T 为方波周期），则输出为尖顶波，如图2-43所示。这与由 RC 电路组成的微分电路相似，只有当输入该 RC 电路的方波周期比 RC 值小得多时，其输出才呈现微分波形。

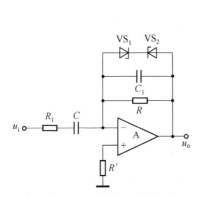

图2-42　实用微分运算电路

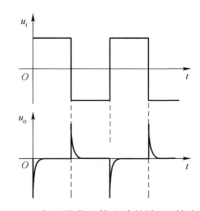

图2-43　实用微分运算电路的输入-输出波形

【例2.12】图2-44所示的是采用 μA741 构成的微分运算电路的仿真电路图。图中：电源电压为±12V；R1 = 100Ω，R2 = 10kΩ，R3 = 100Ω；C1 = 1μF，C2 = 0.01μF。从 ui 处输入信号，从 uo 处输出信号，试求该微分运算电路的输入-输出关系。

在 ui 端输入幅值为4V、频率为1kHz的方波电压信号，用 Proteus 软件进行仿真，可以绘出该电路的输入-输出关系图，如图2-45所示。由图可见，经微分后输出的是上下尖顶脉冲波形。

与由 RC 电路组成的微分电路相似，只有当输入该 RC 电路的方波周期比 RC 值小得多（$RC \ll T/2$）时，其输出的才是微分波形。若将图2-44中的 R3 的电阻值由100Ω增加到1kΩ，C1 不变，则周期变为 R3C1 = 1000×1×10^{-6} = 1（ms），此时，仍输入幅值为4V、频率为1kHz的方波信号，$T/2 = 0.5$ms，$RC \ll T/2$ 不再成立。用 Proteus 软件进行仿真，可以绘出该

电路的输入-输出关系图, 如图 2-46 所示。由图可见, 此时经微分后输出的波形已不是标准的上下交替的尖顶脉冲了。

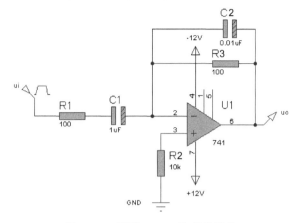

图 2-44 采用 μA741 构成的微分
运算电路的仿真电路图

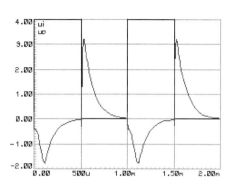

图 2-45 采用 μA741 构成的微分运算
电路的输入-输出关系图 (1)

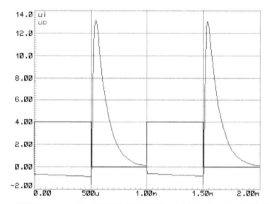

图 2-46 采用 μA741 构成的微分运算电路的输入-输出关系图 (2)

2.2.3 仪表放大器

仪表放大器, 也称精密放大器、测量放大器或仪用放大器, 主要用于弱信号放大。在实际的测量系统中, 大多数放大器处理的是传感器输出的信号, 而传感器产生的差模信号一般比较微弱, 且含有较大的共模成分, 传感器的等效电阻也不是常量。为了放大这种信号, 要求放大器除具有足够的放大倍数外, 还要有较高的输入电阻和较高的共模抑制比。仪表放大器就是为了满足这些要求而设计的。

仪表放大器是用于在有噪声的环境下放大小信号的器件, 具有低漂移、低功耗、高共模抑制比、宽电源供电范围及小体积等优点。仪表放大器的关键参数是共模抑制比, 这个性能指标可以用来衡量差动增益与共模衰减之比。仪表放大器主要应用于传感器接口、工业过程控制、低功耗医疗仪器、热电偶放大器、便携式供电仪器。

与前面介绍的 3 种基本放大器不同, 仪表放大器的信号放大倍数是由接在电路中的一个电阻器的电阻值决定的。仪表放大器分两类, 一类是由普通放大器构成的, 常见的是用 3 个放大器和若干个电阻器组成的; 另一类是集成仪表放大器。

1. 由3个运放构成的仪表放大器

由3个运放构成的仪表放大器如图2-47所示。电路中的3个运放都接成比例运算电路的形式。3个运放分为两级，第1级由 A_1 和 A_2 组成，它们均构成同相输入放大电路，输入电阻很大；第2级是 A_3，它构成差动输入放大电路，将差动输入转换为单端输出，且具有抑制共模信号的能力。

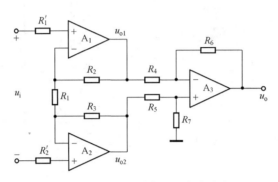

图2-47   由3个运放构成的仪表放大器

在本电路中，要求元器件参数对称，即

$$R_2 = R_3 \qquad R_4 = R_5 \qquad R_6 = R_7$$

根据运算电路的基本分析方法可得：

$$u_o = -\frac{R_6}{R_4}\left(1 + \frac{2R_2}{R_1}\right)(u_1 - u_2) \tag{2-20}$$

式中， u_1 和 u_2 分别为 A_1 和 A_2 的同相输入端电压信号， $u_i = u_1 - u_2$。由式（2-20）可知，只要改变 R_1，就可以调节输出电压与输入电压之间的比例关系。如果将 R_1 开路，则式（2-20）就变为

$$u_o = -\frac{R_6}{R_4}u_i \tag{2-21}$$

应当指出，该电路中的 $R_4 \sim R_7$ 必须采用高精密电阻，并要精确匹配，否则，不仅会给 u_o 的计算带来误差，还会降低电路的共模抑制比。

在由3个运放构成的仪表放大器中，第1级的 A_1 和 A_2 在性能指标上应尽量一致，可以选同一集成运放中的两个放大器。比如，可选择包含4个放大器的LM324或包含2个放大器的LM358，不宜选择 μA741。

【例2.13】图2-48所示的是采用LM358构成的由3个运放构成的仪表放大器的仿真电路图。图中：电源电压为±12V；R1 = 2kΩ，R2 = R3 = 1kΩ，R4 = R5 = 2kΩ，R6 = R7 = 10kΩ；从 in1 处和 in2 处输入信号，从 uo 处输出信号。图中接在 uo 处的虚拟电压表用于测量输出电压。

给 in1 端输入2V直流电压信号，给 in2 端输入1V直流电压信号，用 Proteus 软件进行仿真，可以测出电路输出端的电压值，如图2-48所示。图中虚拟电压表显示的输出电压值为-9.99V。根据式（2-20）计算该仪表放大器理论输出电压，可得：

$$u_{o} = -\frac{R_{6}}{R_{4}}\left(1+\frac{2R_{2}}{R_{1}}\right)(u_{1}-u_{2}) = -\frac{10}{2}\left(1+\frac{2\times1}{2}\right)(2-1) = -10\,(\text{V})$$

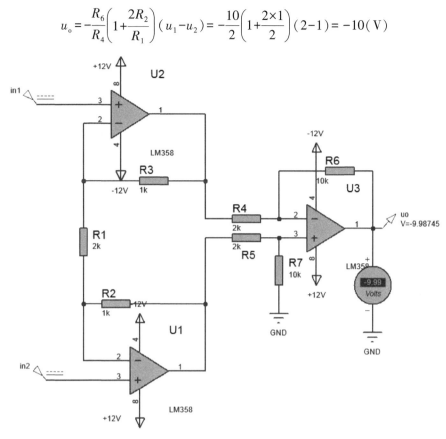

图 2-48　采用 LM358 构成的由 3 个运放构成的仪表放大器的仿真电路图

这表明在这种输入信号下，输出的实测结果与理论计算值是完全吻合的。给 in1 端和 in2 端输入不同的直流电压信号，用 Proteus 软件进行仿真，测得该电路输出电压值，见表 2-3。

表 2-3　由 3 个运放构成的仪表放大器的测试数据

输入电压 in1/mV	+2	+20	+200	+2000	+2000	+3000
输入电压 in2/mV	+1	+10	+100	+1000	+800	+1000
计算 in1−in2/mV	+1	+10	+100	+1000	+1200	+2000
输出电压 uo/V	−0.0057	−0.0957	−1.0	−10.0	−12.0	−12.0
实测放大倍数 $A=u_{o}/(in1-in2)$	−5.7	−9.57	−10.0	−10.0	−10.0	−6.0
理论放大倍数 A	−10	−10	−10	−10	−10	−10

由表 2-3 可见，当两个输入信号电压差（in1−in2）太小（小于 10mV）或太大（大于 1200mV）时，该电路不能按照理论放大倍数（−10）不失真地放大。

2. 集成仪表放大器

与前面介绍的由 3 个运放构成的仪表放大器相比，单片集成仪表放大器可以达到更高的性能，体积更小，价格更低，使用和维护也更加方便。

有多家公司生产单片集成仪表放大器，如美国 B-B（Burr-Brown）公司和 ADI 公司等。

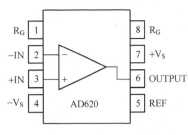

图 2-49　AD620 的引脚图

常用集成仪表放大器有 INA122、INA103、INA126、INA128、INA129、INA155、AD620、AD621、AD622、AD623、AD624、MAX4460、MAX4461、MAX4462、LTC2053 等。

（1）低价、低功耗仪表放大器 AD620：AD620 的引脚图如图 2-49 所示。其中，在第 1 脚与第 8 脚之间需要跨接一个电阻器来调整放大倍数；在第 7 脚、第 4 脚上须施加正、负电源电压；由第 2 脚、第 3 脚输入电压信号；由第 6 脚输出放大后的电压信号；第 5 脚接参考基准电压，如果将其接地，则由第 6 脚输出的就是与地之间的相对电压。

AD620 的放大增益关系见式（2-22）、式（2-23）：

$$G = \frac{49.4\text{k}\Omega}{R_G} + 1 \tag{2-22}$$

$$R_G = \frac{49.4\text{k}\Omega}{G-1} \tag{2-23}$$

通过以上两式可推算出不同增益 G 所对应的电阻值 R_G，见表 2-4。

表 2-4　不同增益 G 所对应的电阻值 R_G

所需增益 G	1% 精度的 R_G 标准值
1.990	49.9kΩ
4.984	12.4kΩ
9.998	5.49kΩ
19.93	2.61kΩ
50.40	1.0kΩ
100.0	499Ω
199.4	249Ω
495.0	100Ω
991.0	49.9Ω

AD620 的特点是精度高、使用简单、噪声低，其增益范围为 1～1000，只需一个电阻即可设定放大倍数，电源电压范围为 ±（2.3～18）V，而且耗电量低，广泛应用于便携式仪器中。

【例 2.14】图 2-50 所示的是采用 AD620 构成的毫伏信号放大电路的仿真电路图。该电路采用双电源供电方式，电源电压为 ±5V。由表 2-4 可知，为使 $G=10$，需要在第 8 脚和第 1 脚之间接一个 5.49kΩ 的电阻器。图中：从 in1 处输入毫伏信号；AD620 的第 2 脚和第 5 脚接地；从 AD620 的第 6 脚输出信号，并用虚拟电压表进行测量。在 in1 处接一个虚拟毫伏电压表，用于测量输入的毫伏级电压信号。

在 in1 处输入 40mV 信号，用 Proteus 软件进行仿真，可以测出该电路的输出电压值，如图 2-50 所示。图中，虚拟电压表显示输出电压值为 +0.40V。由此可知，该放大电路将输入信号放大了 10 倍。

（2）单电源满摆幅仪表放大器 MAX4460/4461/4462：这是一类具有高精度、低功耗及优异增益带宽积的仪表放大器，具有固定或可调增益，可以通过引脚选择关断模式，或者为输出电压设定一个外部参考点。

MAX4460 具有可调增益，以地作为参考点。

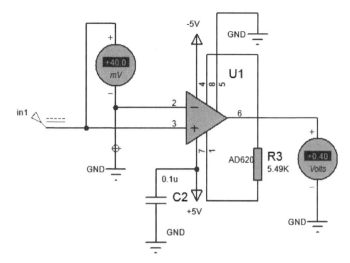

图 2-50　采用 AD620 构成的毫伏信号放大电路的仿真电路图

MAX4461 具有固定增益，分别为 1、10、100；以地作为参考点；具有逻辑控制的关断模式。

MAX4462 具有固定增益，分别为 1、10、100；有一个参考输入引脚（REF），用于设置零差动输入时的输出电压；允许在单电源供电时处理双极性信号。

MAX4460/4461/4462 具有高阻抗输入，特别适合放大差动小电压信号。MAX4461/4462 的增益由制造厂调节为 1、10、100（后缀分别为 U、T 和 H），精度达±0.1%。MAX4460/4461/4462 的典型失调电压为 100μV，增益带宽积为 2.5MHz。这些放大器均可在 2.85～5.25V 单电源供电方式下使用，MAX4462 也可在双电源供电方式下使用。MAX4460/4461/4462 的封装形式为 6 引脚的 SOT23 封装或 8 引脚的 SO 封装。

MAX4460/4461/4462 两种封装（SOT23 和 SO）的引脚图如图 2-51 所示。其中，MAX4461 的 $\overline{\text{SHDN}}$ 引脚接逻辑关断信号，低电平有效；MAX4462 的 REF 引脚接参考电压信号；"N. C." 表示悬空。

MAX4460 的增益是通过两个外接电阻器 R_1 和 R_2 来调整的，其增益为 $G = 1 + R_2 / R_1$，如图 2-52 所示。

> R_1 和 R_2 之和应接近 $100\text{k}\Omega$，否则会影响放大器的精度。

【例 2.15】 图 2-53 所示的是采用 MAX4460 构成的信号放大电路的仿真电路图。该电路采用单电源供电方式，电源电压为+5V。由 R1 = 10kΩ 和 R2 = 90kΩ 可知，此电路的增益 $G = 1 + 90/10 = 10$。图中，从 MAX4460 的第 1 脚处输出信号，输出信号用虚拟电压表测量；在输入信号 in1 和 in2 之间接一个虚拟电压表，用于测量输入的电压差动信号。

给 in1 处输入 80mV 直流电压、in2 处输入 180mV 直流电压时，用 Proteus 软件进行仿真，可以测出该放大电路的输出电压值，如图 2-53 所示。图中的虚拟电压表显示该放大电路的差动输入电压值为+0.10V，输出电压值为+1.00V。由此可知，该放大电路可将输入的差动信号放大 10 倍。

（3）轨对轨仪表放大器 LTC2053：这是一种轨对轨、零漂移仪表放大器。LTC2053 可在低至 2.7V 的单电源供电方式下使用，也可工作在±5.5V 双电源供电方式下。LTC2053 的输

入失调电压低于 $10\mu V$，输入失调电压温漂小于 $50nV/℃$。LTC2053 的增益通过两个外部电阻器来调节。

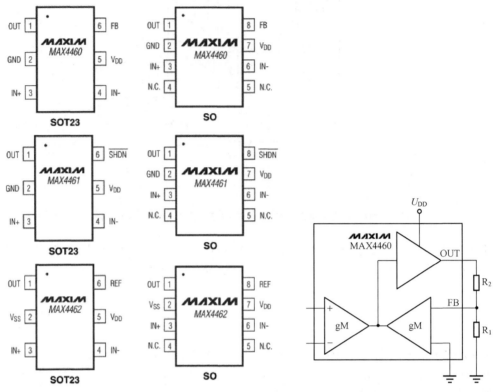

图 2-51　MAX4460/4461/4462 两种　　　　图 2-52　MAX4460 外接电阻器示意图
封装（SOT23 和 SO）的引脚图

LTC2053 的引脚图如图 2-54 所示。其中，第 1 脚是低电位使能引脚；在第 8 脚、第 4 脚上须施加正、负电源电压；由第 2 脚、第 3 脚输入电压信号；由第 7 脚输出放大后的电压信号；第 5 脚接参考基准电压，如果将其接地，则由第 7 脚输出的就是与地之间的相对电压；第 6 脚为 RG 端，用于连接外部电阻器。

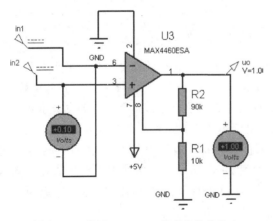

图 2-53　采用 MAX4460 构成的信号放大
电路的仿真电路图

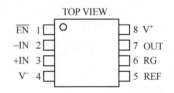

图 2-54　LTC2053 的引脚图

图 2-55 所示的是 LTC2053 的两种基本应用电路图。其中，图（a）为单电源供电、单位增益应用电路图，图（b）为双电源供电、增益由电阻比决定的应用电路图。由 2-55（b）图可见：$u_{OUT}=\left(1+\dfrac{R_2}{R_1}\right)u_D+U_{REF}$；若将 LTC2053 的第 5 脚接地，则 $u_{OUT}=\left(1+\dfrac{R_2}{R_1}\right)u_D$。

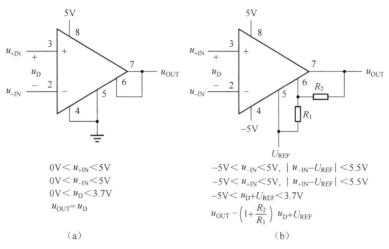

$0V<u_{+IN}<5V$
$0V<u_{-IN}<5V$
$0V<u_D<3.7V$
$u_{OUT}=u_D$

（a）

$-5V<u_{-IN}<5V$，$|u_{-IN}-U_{REF}|<5.5V$
$-5V<u_{+IN}<5V$，$|u_{+IN}-U_{REF}|<5.5V$
$-5V<u_D+U_{REF}<3.7V$
$u_{OUT}=\left(1+\dfrac{R_2}{R_1}\right)u_D+U_{REF}$

（b）

图 2-55　LTC2053 的两种基本应用电路图

【例 2.16】 图 2-56 所示的是采用 LTC2053 构成的信号放大 5 倍电路的仿真电路图。该电路采用单电源供电方式，电源电压为 +5V。图中：R1 = 10kΩ，R2 = 40kΩ，因此 $G=1+R_2/R_1=1+4=5$；in1 和 in2 处的输入信号均为毫伏信号；LTC2053 的参考端（第 5 脚）接地；从 LTC2053 的第 7 脚处输出信号，用虚拟电压表测量输出信号。

在 in1 处输入 80mV 直流电压，在 in2 处输入 180mV 直流电压，用 Proteus 软件进行仿真，虚拟电压表显示输入的差动信号为 +0.10V，输出电压值为 +0.50V，如图 2-56 所示。由此可知，该电路可将输入的差动信号放大 5 倍。

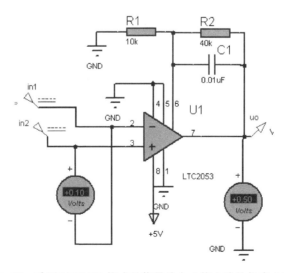

图 2-56　采用 LTC2053 构成的信号放大 5 倍电路的仿真电路图

2.2.4　正弦波振荡电路

正弦波振荡电路有两种类型，即 RC 正弦波振荡电路和 LC 正弦波振荡电路。

1. RC 正弦波振荡电路

实用的 RC 正弦波振荡电路有多种形式，典型的是 RC 桥式正弦波振荡电路，其电路结构与电桥相似，最早由德国物理学家 Max Wien 设计，因此又称之为文氏电桥振荡电路。RC 桥式正弦波振荡电路具有结构简单、起振容易、频率调节方便等特点，适用于低频振荡场合，其振荡频率一般为 10～100kHz。

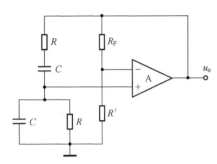

图 2-57　RC 桥式正弦波振荡电路

RC 桥式正弦波振荡电路如图 2-57 所示。其中，集成运放 A 作为放大电路，RC 串并联网络为选频网络，由 R_F 和 R' 支路引入一个负反馈。由图可见，RC 串/并联网络中的串联支路和并联支路，以及负反馈支路中的 R_F 和 R'，正好是一个电桥的 4 个桥臂。

RC 桥式正弦波振荡电路的振荡频率为

$$f_0 = \frac{1}{2\pi RC} \tag{2-24}$$

振荡电路的起振条件为

$$R_F > 2R' \tag{2-25}$$

由于 RC 桥式正弦波振荡电路的振荡频率与 R、C 的乘积成反比，要产生振荡频率更高的正弦波信号，则需要电阻和/或电容的值更小，这在电路的实现上将产生较大的困难。通常，RC 正弦波振荡电路常用于产生数 Hz 至数百 kHz 的低频信号；若要产生更高频率的信号，则应考虑采用 LC 正弦波振荡电路。

【例 2.17】采用 LM358 构成的 RC 桥式正弦波振荡电路的仿真电路图如图 2-58 所示。图中：R1、R2、C1、C2 组成 RC 串/并联网络，R1 = R2 = 20kΩ，C1 = C2 = 0.015μF；由 R' 和 RF 组成负反馈电路；RF 回路串联了两个反向并接的二极管 D1 和 D2，其作用是使输出电压稳定。在 OUTPUT 处用虚拟示波器观察输出电压波形。

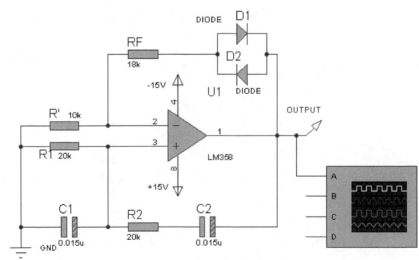

图 2-58　采用 LM358 构成的 RC 桥式正弦波振荡电路的仿真电路图

用 Proteus 软件进行仿真，可以得到该电路的输出波形，如图 2-59 所示。图中呈现的是一种略有失真的正弦波，其幅值大于 20V，周期约为 2ms（换算成频率约为 500Hz）。

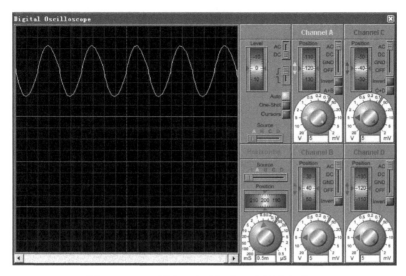

图 2-59 RC 桥式正弦波振荡电路的输出波形

现在，计算 RC 桥式正弦波振荡电路振荡频率的理论值。根据式（2-22）可得：

$$f_0 = \frac{1}{2\pi RC} = \frac{1}{2\pi \times 20 \times 10^3 \times 0.015 \times 10^{-6}} \text{Hz} \approx 531 \text{Hz}$$

由此可见，RC 桥式正弦波振荡电路振荡频率的理论值与实测值相差不是太大。

2. LC 正弦波振荡电路

LC 正弦波振荡电路主要用于产生 1MHz 以上的高频振荡信号。常用的 LC 正弦波振荡电路有变压器反馈式 LC 正弦波振荡电路、电感三点式 LC 正弦波振荡电路和电容三点式 LC 正弦波振荡电路 3 种。它们的共同特点是用 LC 谐振回路作为选频网络（通常采用 LC 并联谐振回路）。LC 正弦波振荡电路与 RC 桥式正弦波振荡电路的组成原则是相似的，只是选频网络采用的是 LC 电路。

LC 正弦波振荡电路的振荡频率为

$$f_0 = \frac{1}{2\pi\sqrt{LC}}$$

【例 2.18】 采用 LM358 构成的 LC 正弦波振荡电路的仿真电路图如图 2-60 所示。图中：L1 和 C1 组成选频网络，与电位器 R3 上面的部分构成正反馈通道；R1 = 5kΩ，R2 = 100kΩ，R3 = 10kΩ，C1 = 0.1μF，L1 = 10mH；从 OUTPUT 处输出波形。

用 Proteus 软件进行仿真，可以得到该电路的输出波形，如图 2-61 所示。图中呈现的是一种接近三角波的波形，波形的幅值大于 20V，波形的周期约为 100μs（换算成频率约为 10kHz）。

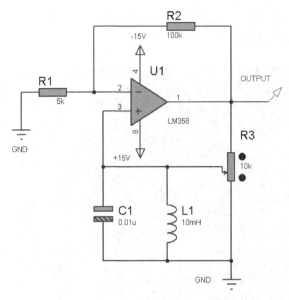

图 2-60　采用 LM358 构成的 LC 正弦波振荡电路的仿真电路图

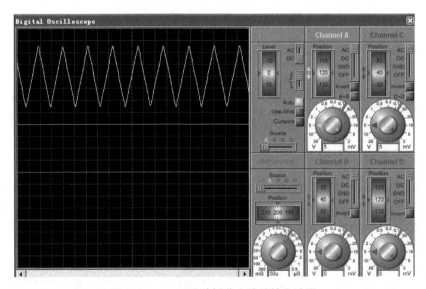

图 2-61　LC 正弦波振荡电路的输出波形

现在，我们看一下理论计算的 LC 正弦波振荡电路的振荡频率是多少。
由 LC 正弦波振荡电路的振荡频率计算公式可知：

$$f_0 = \frac{1}{2\pi\sqrt{LC}} = \frac{1}{2\pi\times\sqrt{10\times10^{-3}\times0.01\times10^{-6}}}\text{Hz} \approx 15.9\text{kHz}$$

由此可见，LC 正弦波振荡电路振荡频率的理论值与实测值相差较大。

2.2.5　非正弦波发生电路

非正弦波发生电路常用于脉冲和数字电路中作为信号源。常见的非正弦波发生电路有矩形波发生电路、三角波发生电路、锯齿波发生电路和函数发生器电路。

1. 矩形波发生电路

图 2-62 所示的是一个矩形波发生电路。该电路实际上是由一个滞回比较器和一个 RC 充/放电回路组成的。其中：集成运放 A 与 R_1、R_2 组成滞回比较器；R 与 C 构成充/放电回路；稳压管 VS 与 R_3 的作用是钳位，将滞回比较器的输出电压限制在稳压管的稳压值 $\pm U_Z$。矩形波发生电路的振荡周期为

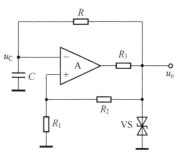

图 2-62　矩形波发生电路

$$T = 2RC\ln\left(1 + \frac{2R_1}{R_2}\right) \qquad (2\text{-}26)$$

【例 2.19】 图 2-63 所示的是采用 LM358 构成的矩形波发生电路的仿真电路图。图中：LM358 的电源电压为 $\pm15\mathrm{V}$；$R1 = 3\mathrm{k}\Omega$，$R2 = 10\mathrm{k}\Omega$，$R = 10\mathrm{k}\Omega$，$C1 = 10\mu\mathrm{F}$；从 OUTPUT 处输出波形。图中的虚拟示波器和发光二极管 D3 都是为了观察输出波形而添加的。

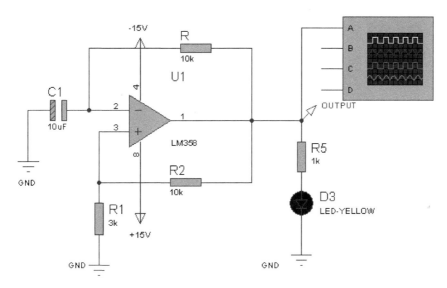

图 2-63　采用 LM358 构成的矩形波发生电路的仿真电路图

用 Proteus 软件进行仿真，可以得到矩形波发生电路的输出波形，如图 2-64 所示。图中呈现的是一个矩形波信号，该波形的幅值不高于 30V，周期约为 93ms（换算成频率约为 11Hz）。

根据式（2-24）可求得该矩形波发生电路的振荡周期为

$$T = 2RC\ln\left(1 + \frac{2R_1}{R_2}\right) = 2\times10\times10^3\times10\times10^{-6}\ln\left(1 + \frac{2\times3}{10}\right)(\mathrm{s}) \approx 94\mathrm{ms}$$

与实测结果比较，可见理论计算的矩形波发生电路的振荡周期数值与实测值很接近。

如果不用示波器观察输出波形，根据 OUTPUT 处所接的 LED 闪烁的快慢，也可大致知道输出波形频率的高低。

前面介绍的矩形波发生电路输出波形的高电位和低电位的宽度是相同的，这种高电位与低电位的宽度之比称为占空比，图 2-63 所示的矩形波发生电路的输出波形的占空比为

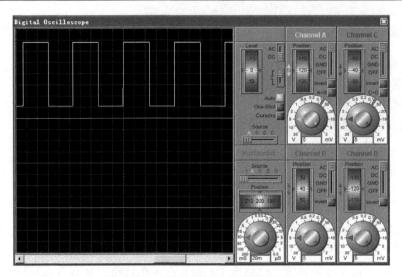

图 2-64　矩形波发生电路的输出波形

50%。如果要求矩形波发生电路输出波形的占空比可调，可以通过改变电路中的充电和放电的时间常数来实现。图 2-65 所示的就是一个占空比可调的矩形波发生电路。其中，R_W 和 VD_1、VD_2 的作用是将电容的充电回路和放电回路分开，并调节充电和放电两个时间常数的比例。

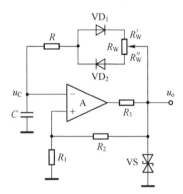

图 2-65　占空比可调的矩形波发生电路

占空比可调的矩形波发生器的振荡周期为

$$T = \left(2R + R_W \right) C \ln \left(1 + \frac{2R_1}{R_2} \right) \tag{2-27}$$

如果将矩形波的高电平宽度用 T_1 表示，低电平宽度用 T_2 表示，则该矩形波发生电路输出波形的占空比为

$$D = \frac{T_1}{T_2} = \frac{R + R''_W}{2R + R_W} \tag{2-28}$$

改变 R_W 滑动端的位置，即可调节矩形波发生电路输出波形的占空比，而总的振荡周期不受影响。

【例 2.20】图 2-66 所示的是采用 LM358 构成的占空比可调的矩形波发生电路的仿真电路图。图中，R1 = R2 = 25kΩ，R = 5kΩ，RV1 = 100kΩ，C = 0.1μF。LM358 的电源电压为 ±15V，从 OUTPUT 处输出波形。

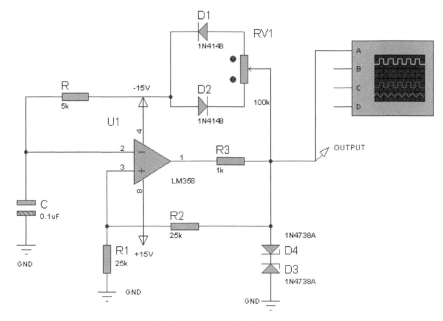

图 2-66　采用 LM358 构成的占空比可调的矩形波发生电路的仿真电路图

首先将电位器 RV1 的滑动端调到中间位置，用 Proteus 软件进行仿真，可以看到该电路的输出波形为方波，即占空比为 50% 的矩形波。将 RV1 的滑动端向上调节，可以看到矩形波的高电平宽度逐渐减小；当 RV1 的滑动端调到最上位置时，可看到输出的是占空比很小的矩形波，如图 2-67 所示；当 RV1 的滑动端调到最下位置时，可看到输出的是占空比很大的矩形波，如图 2-68 所示。

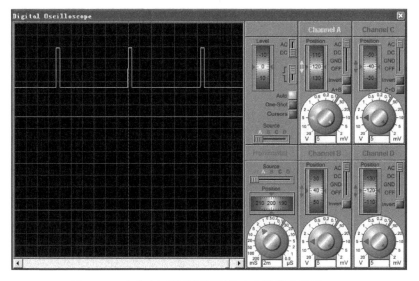

图 2-67　占空比可调的矩形波发生电路输出波形（1）

根据式（2-26），可求得将 RV1 的滑动端分别调到最上位置（RV1 = 0Ω）和最下位置（RV1 = 100kΩ）时输出波形的占空比，即

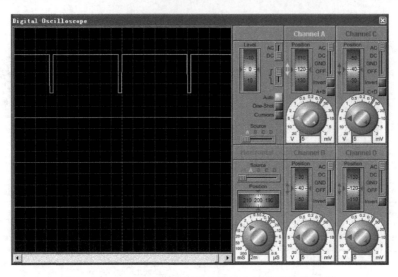

图 2-68　占空比可调的矩形波发生电路输出波形（2）

$$D_{\min}=\frac{T_1}{T_2}=\frac{R+R_{\mathrm{W}}''}{2R+R_{\mathrm{W}}}=\frac{5+0}{10+100}\approx 0.045=4.5\%$$

$$D_{\max}=\frac{T_1}{T_2}=\frac{R+R_{\mathrm{W}}''}{2R+R_{\mathrm{W}}}=\frac{5+100}{10+100}\approx 0.955=95.5\%$$

2. 三角波发生电路

将滞回比较器和积分电路适当连接起来，即可组成三角波发生电路，如图 2-69 所示。其中，集成运放 A_1 组成滞回比较器，A_2 组成积分电路。滞回比较器的输出信号加在积分电路的反相输入端进行积分，而积分电路的输出信号又接到滞回比较器的同相输入端，控制滞回比较器输出信号发生跳变。

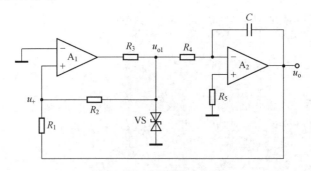

图 2-69　三角波发生电路

三角波发生电路输出信号的幅值为

$$U_{\mathrm{om}}=\frac{R_1}{R_2}U_{\mathrm{Z}} \tag{2-29}$$

三角波发生电路输出信号的振荡周期为

$$T=\frac{4R_1R_4C}{R_2} \tag{2-30}$$

【例 2.21】 图 2-70 所示的是采用 LM358 构成的三角波发生电路的仿真电路图。图中，R1
＝R2＝R3＝R4＝R5＝10kΩ，C1＝1μF。LM358 的电源电压为±12V，从 OUTPUT 处输出波形。

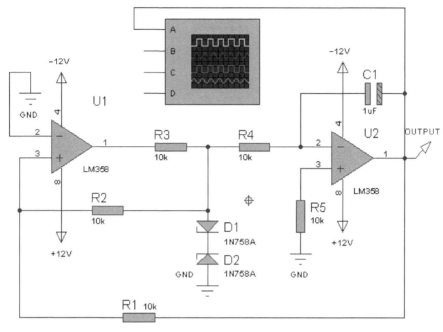

图 2-70   采用 LM324 构成的三角波发生电路的仿真电路图

用 Proteus 软件进行仿真，可以得到该电路的输出波形，如图 2-71 所示。由图可知，该
电路输出的三角波的幅值约为 8V，周期约为 34ms（换算成频率约为 29Hz）。

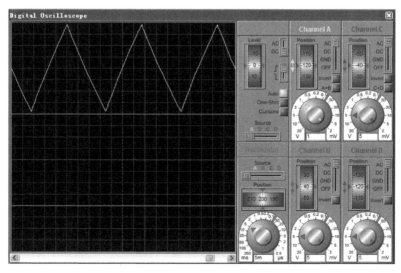

图 2-71   三角波发生电路输出波形

根据式（2-30），三角波发生电路输出信号的振荡周期为

$$T = \frac{4R_1R_4C}{R_2} = \frac{4 \times 10 \times 10^3 \times 10 \times 10^3 \times 1 \times 10^{-6}}{10 \times 10^3} (\text{s}) = 40\text{ms}$$

由此可知，理论计算的三角波的振荡周期与实测值存在一定的误差。

3. 锯齿波发生电路

锯齿波信号也是一种比较常见的非正弦波信号。例如，在示波器扫描电路中，经常需要用到锯齿波信号。

如果在三角波发生电路中积分电容充电时间常数与放电时间常数相差悬殊，则在积分电路的输出端可得到锯齿波信号。

图 2-72 所示的是锯齿波发生电路。它是在三角波发生电路的基础上，用二极管 VD_1、VD_2 和电位器 R_W 代替原来的积分电阻，使积分电容的充电回路与放电回路分开的。

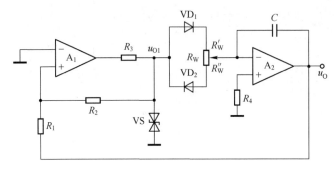

图 2-72　锯齿波发生电路

锯齿波发生电路输出信号的幅值为

$$U_{om} = \frac{R_1}{R_2} U_Z \tag{2-31}$$

锯齿波发生电路输出信号的振荡周期为

$$T = \frac{2 R_1 R_W C}{R_2} \tag{2-32}$$

【例 2.22】图 2-73 所示的是采用 LM358 组成的锯齿波发生电路的仿真电路图。图中，

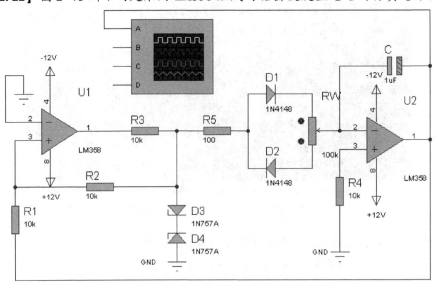

图 2-73　采用 LM358 组成的锯齿波发生电路的仿真电路图

$R1 = R2 = R3 = R4 = 10k\Omega$，$R5 = 100\Omega$，$RW = 100k\Omega$，$C = 1\mu F$。LM358 的电源电压为 ±12V，从 U2 的输出端输出波形。

首先将 RW 的滑动端调到中间位置，用 Proteus 软件进行仿真，可以得到该电路的输出波形，此时输出波形为三角波。将 RW 的滑动端向上调节，可以看到输出波形逐渐向锯齿波过渡。当 RW 的滑动端调到最上位置时，可看到如图 2-74 所示的锯齿波信号；如果将 RW 的滑动端调到最下位置，则可看到如图 2-75 所示的锯齿波信号。由图 2-74 和图 2-75 可见，锯齿波的振荡周期约为 160ms。

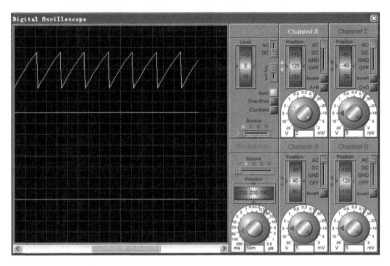

图 2-74　锯齿波发生电路输出波形（1）

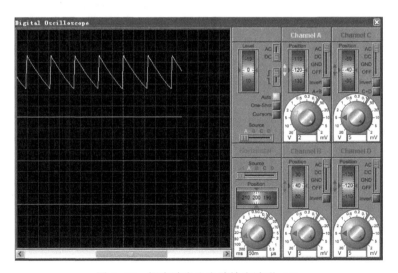

图 2-75　锯齿波发生电路输出波形（2）

根据式（2-32），锯齿波发生电路输出信号的振荡周期为

$$T = \frac{2R_1 R_{\mathrm{w}} C}{R_2} = \frac{2 \times 10 \times 10^3 \times 100 \times 10^3 \times 1 \times 10^{-6}}{10 \times 10^3}(\mathrm{s}) = 200\mathrm{ms}$$

由此可知，理论计算的锯齿波的振荡周期与实测值存在较大的误差。

4. 函数发生器电路

函数发生器是一种多波形的信号源，它可以产生方波、三角波、锯齿波、正弦波和其他波形信号。

函数发生器的电路形式有两种，既可以由运放及分立元器件构成，也可以是单片集成函数发生器。

单片集成函数发生器是一种可以产生矩形波、三角波和正弦波的专用集成电路，通过调节其外部电路参数，还可以获得占空比可调的矩形波和锯齿波。下面以 ICL8038 函数发生器为例，介绍单片集成函数发生器的特点及用法。

ICL8038 是一种多用途的函数发生器，可用单电源供电，即将第 11 脚接地，第 6 脚接 $+U_{CC}$，U_{CC} 为 $+10 \sim +30V$；也可用双电源供电，即将第 11 脚接 $-U_{EE}$，第 6 脚接 $+U_{CC}$，供电范围为 $\pm(5 \sim 15)V$。ICL8038 输出波形的频率可调，其范围为 $0.001Hz \sim 300kHz$，可以输出矩形波、三角波和正弦波。

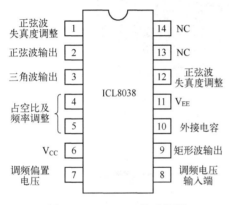

图 2-76　ICL8038 的引脚图

图 2-76 所示为 ICL8038 的引脚图。其中，第 8 脚为频率调节（简称调频）电压输入端，波形频率与调频电压成正比；第 7 脚输出调频偏置电压，它可与第 8 脚直连。

图 2-77 所示为 ICL8038 的两种基本接法。矩形波输出端为集电极开路形式，需外接上拉电阻 R_L。在图 2-77（a）所示电路中，R_A 和 R_B 可分别独立调整。在图 2-77（b）所示电路中，可通过改变电位器 R_W 滑动端的位置来调整 R_A 和 R_B 的数值（$R_A = R'_A + R_a$，$R_B = R'_B + R_b$）。当 $R_A = R_B$ 时，输出矩形波的占空比为 50%，因而为方波；当 $R_A \neq R_B$ 时，输出矩形波不再是方波，同时，第 3 脚和第 2 脚输出的也不是三角波和正弦波了。ICL8038 输出矩形波的占空比为

$$D = \frac{2R_A - R_B}{2R_A} \tag{2-33}$$

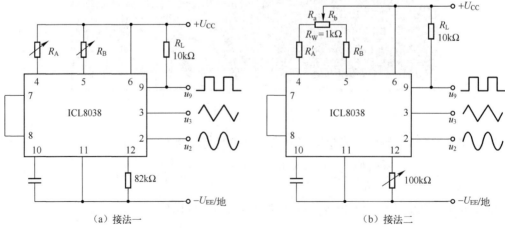

（a）接法一　　　　　　　　　　　　（b）接法二

图 2-77　ICL8038 的两种基本接法

【例 2.23】 图 2-78 所示的是 ICL8038 基本接法二的仿真电路图。图中，ICL8038 采用双电源供电方式，供电电压为 ±12V，RA = RB = 10kΩ，RW = 5kΩ。虚拟示波器的 A、B、C 通道分别测量 ICL8038 输出的方波、正弦波和三角波。

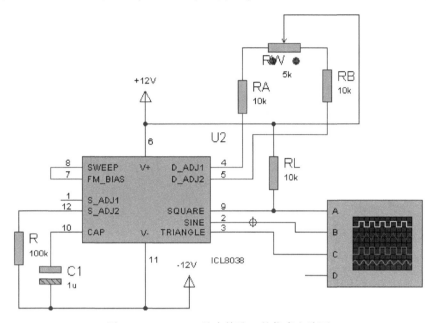

图 2-78 　 ICL8038 基本接法二的仿真电路图

将 RW 的滑动端调到中间位置，用 Proteus 软件进行仿真，可以得到该电路的输出波形，如图 2-79 所示。可以看到，虚拟示波器的通道 A、B、C 的显示波形依次为方波、正弦波和三角波。

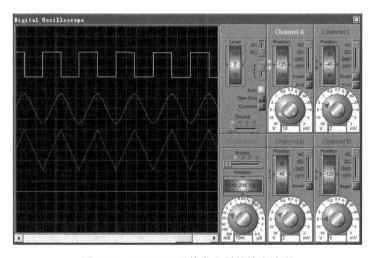

图 2-79 　 ICL8038 函数发生器的输出波形

将 RW 的滑动端向右侧调节，可以看到 ICL8038 输出的 3 种波形都发生了变化，它们的占空比在变大；如果将 RW 的滑动端从中间位置向左侧调节，可以看到 ICL8038 输出的 3 种波形的占空比都变小了；如果将 RW 的滑动端调到最左侧位置，则 3 种输出波形同时"消失"。

2.2.6　波形转换电路

为了将采集到的模拟信号用于测量、控制和信号处理等领域，常常需要将信号形式进行一些转换，如将电压信号转换成电流信号，将电流信号转换成电压信号，将直流信号转换成交流信号，将模拟信号转换成数字信号，将直流电压转换成频率信号，将频率信号转换成直流电压，等等。本节介绍4个用集成运放实现信号转换的实用电路。

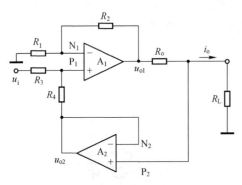

图 2-80　电压-电流转换电路

1. 电压与电流之间的转换

（1）电压-电流转换电路：图 2-80 所示为一个实用电压-电流转换电路。A₁、A₂ 均引入负反馈，A₁ 构成同相求和电路，A₂ 构成电压跟随器。图中，$R_1 = R_2 = R_3 = R_4$，可得：

$$i_o = \frac{u_i}{R_o} \qquad (2-34)$$

可见，输出电流 i_o 与输入电压 u_i 成线性关系。

【例2.24】图 2-81 所示的是采用两个 LM324 构成的电压-电流转换电路的仿真电路图，输入电压范围为 0～10V，输出电流范围为 0～1mA。图中，LM324 的电源电压为 ±12V，R0＝R1＝R2＝R3＝R4＝10kΩ，RL＝100Ω。从 UI 处输入电压信号，用虚拟电流表测量输出电流。

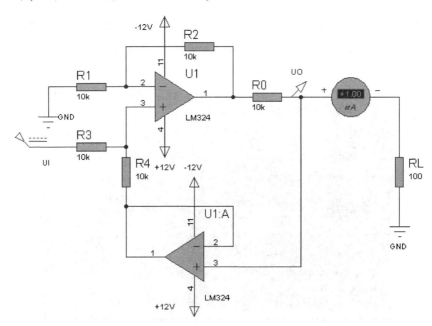

图 2-81　采用两个 LM324 构成的电压-电流转换电路的仿真电路图

从 UI 处输入 10V 直流电压，用 Proteus 软件进行仿真，虚拟电流表上显示+1.00mA，如图 2-81 所示。若输入 1V 直流电压，虚拟电流表显示+0.10mA；若输入 0V 直流电压，虚拟电流表显示 0.0mA。

这表明，该电路输出电流范围为 0～1mA。

（2）电流-电压转换电路：图 2-82 所示为一个电流-电压转换电路，其输出电压为

$$u_o = -i_s R_F \qquad (2-35)$$

可见，输出电压 u_o 与输入电流 i_s 成线性关系。

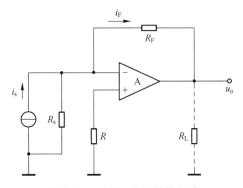

图 2-82　电流-电压转换电路

【例 2.25】 图 2-83 所示的是采用 LM324 构成的电流-电压转换电路的仿真电路图，输入电流范围为 0～-10mA，输出电压范围为 0～10V。图中，LM324 的电源电压为 ±12V，从 is 处输入电流信号，在 UO 处用虚拟电压表测量输出电压。

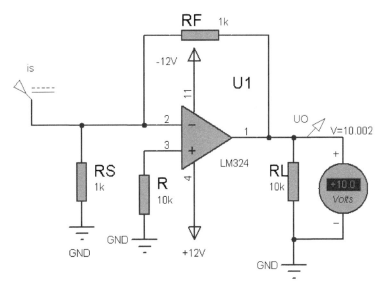

图 2-83　采用 LM324 构成的电流-电压转换电路的仿真电路图

从 is 处输入 -10mA 直流电流，用 Proteus 软件进行仿真，在虚拟电压表上显示 +10.0V，如图 2-83 所示。若输入 -5mA 直流电流，虚拟电压表显示 +5.0V；若输入 0mA 直流电流，虚拟电压表显示 0.0V。

这表明，该电路输出电压范围为 0～10V。

2. 电压与频率之间的转换

（1）电压-频率转换电路：又称电压-频率转换器（VFC），其功能是将输入直流电压转换成频率与该电压值成正比的脉冲输出电压（通常，它输出的是矩形波）。可以认为，电

压–频率转换电路是一种从模拟量到数字量的转换电路。我们知道，将模拟量连接到单片机或计算机等系统有两种方式，一种是通过模/数转换器进行连接，另一种是将模拟量先经电压–频率转换电路转换成数字量后再连接。另外，模拟量经电压–频率转换电路转换成数字量后，可以直接与计数显示设备连接。因此，电压–频率转换电路的应用十分广泛。

由集成运放构成的电压–频率转换电路有两种，一种是电荷平衡式电路，另一种是复位式电路。这里只介绍电荷平衡式电路。

电荷平衡式电压–频率转换电路由积分器和滞回比较器组成，如图2-84所示。图中的点画线是积分器与滞回比较器的分界线。当 $R_W \gg R_3$ 时，电压–频率转换电路的振荡频率为

$$f \approx \frac{R_2}{2R_1R_WCU_Z}|u_i| \tag{2-36}$$

式中，U_Z 为稳压管 VS 的稳压值，u_i 为输入电压。

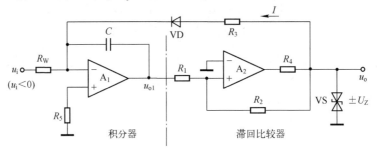

图 2-84　电荷平衡式电压–频率转换电路

【例2.26】图2-85所示的是采用OP07A构成的电荷平衡式电压–频率转换电路的仿真电路图。图中，OP07A的电源电压为±12V，R1 = R2 = R4 = R5 = 10kΩ，RW = 20kΩ，R3 = 2kΩ，C=1μF，D1、D2的稳压值 U_Z =10V。从UI处输入0～-5V电压信号，在UO处输出信号。虚拟示波器的A通道接输出信号。

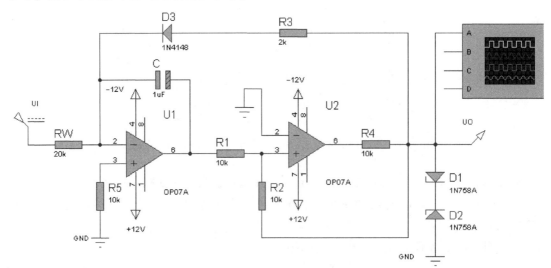

图 2-85　采用 OP07A 构成的电荷平衡式电压–频率转换电路的仿真电路图

从UI处输入-5V直流电压信号，用 Proteus 软件进行仿真，可以得到该电路的输出波形，如图2-86所示。图中呈现的是一种略有失真的矩形波信号，波形的幅值约为10V，波

形周期约为 40ms（换算成频率约为 25Hz）。

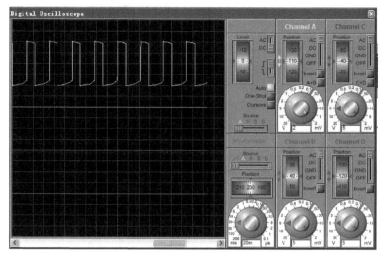

图 2-86　电荷平衡式电压-频率转换电路输出波形（1）

再从 UI 处输入-1V 直流电压信号，可以得到如图 2-87 所示的输出波形。图中呈现的是一种频率较低的略有失真的矩形波信号，波形的幅值约为 10V，波形的周期约为 150ms（换算成频率约为 6.7Hz）。

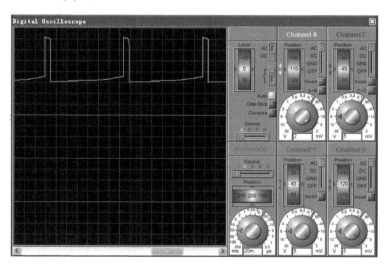

图 2-87　电荷平衡式电压-频率转换电路输出波形（2）

根据式（2-36），输入-5V 直流电压信号时，电压-频率转换电路的振荡频率应为

$$f \approx \frac{R_2}{2R_1R_W CU_Z}|u_i| = \frac{10\times10^3}{2\times10\times10^3\times20\times10^3\times1\times10^{-6}\times10}\times5(\text{Hz}) = 12.5\text{Hz}$$

输入-1V 直流电压信号时，电压-频率转换电路的振荡频率应为

$$f \approx \frac{R_2}{2R_1R_W CU_Z}|u_i| = \frac{10\times10^3}{2\times10\times10^3\times20\times10^3\times1\times10^{-6}\times10}\times1(\text{Hz}) = 2.5\text{Hz}$$

由此可见，理论计算的电荷平衡式电压-频率转换电路的振荡频率数值与实测值相差较大，究其原因，可能是 $R_W \gg R_3$ 的条件不满足。

（2）频率-电压转换电路：又称频率-电压转换器（FVC），其功能是将输入的频率信号转换成直流电压，其直流电压值与输入频率的大小成正比。与电压-频率转换电路类似，频率-电压转换电路在电子工程中也有广泛的应用。

频率-电压转换电路有现成的集成电路芯片，如 LM2907/LM2917 和 LM331。LM2907/LM2917 是具有高增益放大器/比较器的可实现频率-电压变换的单片集成电路；LM331 是既可实现频率-电压变换，又可实现电压-频率变换的单片集成电路。

由 LM2907 配以若干电阻、电容即可构成的频率-电压转换电路。LM2907 有 DIP8 和 DIP14 两种封装形式。图 2-88 所示的是由 DIP14 封装的 LM2907 构成的频率-电压转换电路，其中，C_1、C_2、R_1 分别取 1000pF、0.47μF、100kΩ，从 f_{IN} 端输入频率信号，在 10kΩ 电阻器两端测输出电压。

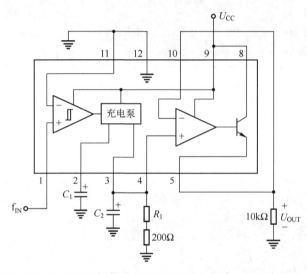

图 2-88 由 DIP14 封装的 LM2907 构成的频率-电压转换电路

【例 2.27】图 2-89 所示的是采用 LM2907 构成的频率-电压转换电路图的仿真电路图。图中，LM2907 的电源电压为 +12V，R1=100kΩ，R2=200Ω，R3=10kΩ，C1=1000pF，C2=0.47μF。从 UI 处输入电压信号，R3 上的电压降作为输出信号。

从 UI 处输入幅值为 1V、频率为 10kHz 的交流电压信号，用 Proteus 软件进行仿真，在虚拟电压表上显示 R3 上的电压为 +10.2V，如图 2-89 所示。

从 UI 处输入幅值为 1V、频率为 5kHz 的交流电压信号，虚拟电压表显示 +7.54V。

从 UI 处输入幅值为 1V、频率为 1kHz 的交流电压信号，虚拟电压表显示 +1.50V。

输出电压与输入频率、电源电压、R1 和 C1 之间有如下关系式：

$$U_{OUT} = f_{IN} \times U_{CC} \times R1 \times C1$$

若 f_{IN} = 10kHz，U_{CC} = 12V，R1 = 100kΩ，C1 = 1000pF，则

$$U_{OUT} = 10 \times 10^3 \times 12 \times 100 \times 10^3 \times 1000 \times 10^{-12} (\text{V}) = 12\text{V}$$

若 f_{IN} = 5kHz，其余参数同上，则

$$U_{OUT} = 5 \times 10^3 \times 12 \times 100 \times 10^3 \times 1000 \times 10^{-12} (\text{V}) = 6\text{V}$$

若 f_{IN} = 1kHz，其余参数同上，则

$$U_{OUT} = 1 \times 10^3 \times 12 \times 100 \times 10^3 \times 1000 \times 10^{-12} (\text{V}) = 1.2\text{V}$$

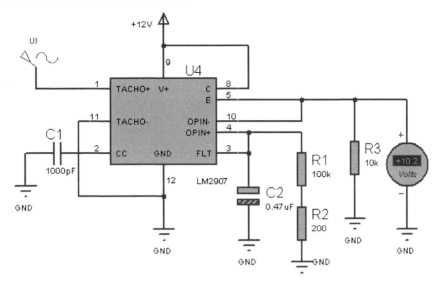

图 2-89　采用 LM2907 构成的频率-电压转换电路的仿真电路图

由此可见，理论计算的输出电压值与实测值之间的误差不小。

2.2.7　有源滤波器

运放的另一个重要应用是组成有源滤波器。滤波器是一种选频电路，对一定频率范围内的信号衰减很小，可使其顺利通过；对此频率范围以外的信号衰减很大，使之不易通过。滤波器的应用范围很广，比如：在信号处理电路中，低通滤波器常用于防止高频噪声对系统的干扰；在电源系统中，常常使用带阻滤波器来抑制 50Hz 或 60Hz 的工频噪声等。

有源滤波器是由电阻器、电容器和电感器等无源元件和集成运放、晶体管等有源器件共同构成的滤波器。

滤波器根据其工作频带可以分为如下 4 种。

☺ 低通滤波器（Low Pass Filter，LPF）：可让低频信号顺利通过。

☺ 高通滤波器（High Pass Filter，HPF）：可让高频信号顺利通过。

☺ 带通滤波器（Band Pass Filter，BPF）：可让一定带宽的信号顺利通过。

☺ 带阻滤波器（Band Elimination Filter，BEF）：可让一定带宽的信号不易通过。

限于篇幅，本节只介绍低通有源滤波器。

1. 一阶低通有源滤波器

在 RC 低通电路的后面加一个集成运放，即可组成一阶低通有源滤波器，如图 2-90（a）所示。

根据"虚短"和"虚断"的概念，可得：

$$\dot{A}_u = \frac{\dot{U}_o}{\dot{U}_i} = \frac{1 + \dfrac{R_F}{R_1}}{1 + j\dfrac{f}{f_0}} = \frac{A_{up}}{1 + j\dfrac{f}{f_0}} \tag{2-37}$$

其中：

$$A_{up} = 1 + \frac{R_F}{R_1} \qquad (2-38)$$

$$f_0 = \frac{1}{2\pi RC} \qquad (2-39)$$

式中，A_{up} 和 f_0 分别是通带放大倍数和通带截止频率。根据式（2-37）可绘制出一阶低通有源滤波电路的对数幅频特性，如图2-90（b）所示。通过与低通无源滤波器对比可知：一阶低通有源滤波器的通带截止频率 f_0 与低通无源滤波器的相同；一阶低通有源滤波器的对数幅频特性曲线以-20dB/十倍频的速度下降，这一点也与低通无源滤波器相同；但引入集成运放后，通带放大倍数和带负载能力得到了提高。

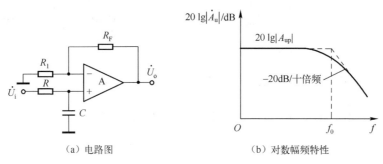

（a）电路图　　　　　　　　（b）对数幅频特性

图2-90　一阶低通有源滤波器

【例2.28】采用LM358构成的一阶低通有源滤波器的仿真电路图如图2-91所示。图中，LM358的电源电压为±15V，R1=R2=R=10kΩ，C1=1μF，根据一阶低通有源滤波器的通带放大倍数公式 $A_{up} = 1 + R_F/R_1$ 可知，本电路通带放大倍数为2。根据通带截止频率公式 $f_0 = 1/(2\pi RC)$ 可知，通带截止频率 $f_0 = 15.9\text{Hz}$。从 INPUT 处输入信号，从 OUTPUT 处输出信号。试求该一阶低通有源滤波器的频率响应图。

从 INPUT 处输入交流电压信号，如所加信号是幅值为1.0V、频率为1kHz的交流信号，用Proteus软件进行仿真，可以绘出该电路的频率响应图，如图2-92所示。由图可知，对数幅频特性曲线的幅值先高后低，最大值处的增益是6dB，恰好放大2倍。通带截止频率应在6dB-3dB=3dB处，依此测出通带截止频率 $f_0 = 15.8\text{Hz}$。

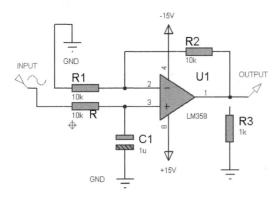

图2-91　采用LM358构成的一阶低通
有源滤波器的仿真电路图

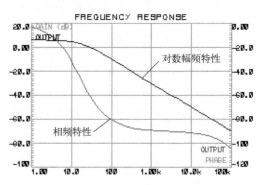

图2-92　一阶低通有源滤波器
的频率响应图

根据对低通无源滤波器的分析知道，一阶低通无源滤波器的最大通带放大倍数为 1，其增益就是 0dB；但一阶低通有源滤波器的通带放大倍数却可以大于 1，通过改变通带放大倍数公式中的 R_2 和 R_1 可以获得任意大小的通带放大倍数。关于一阶低通有源滤波器的带负载能力，我们可以做一下试验：将图 2-91 中的 R3 上端连接到 OUTPUT 处，这时电路就带了 1kΩ 的负载，再用 Proteus 软件进行仿真，可看到一阶低通有源滤波器的对数幅频特性曲线基本未变，只是相频特性曲线稍有变化。这说明一阶低通有源滤波器不仅通带放大倍数可以大于 1，而且可大大提高电路的带负载能力。

2. 二阶低通有源滤波器

一阶低通有源滤波器的过渡带太宽，对数幅频特性的最大衰减斜率仅为 -20dB/十倍频。增加 RC 环节，可加大衰减斜率。二阶低通有源滤波器的电路图如图 2-93（a）所示。

根据"虚短"和"虚断"的概念，可得：

$$\dot{A}_u = \frac{\dot{U}_o}{\dot{U}_i} = \frac{1+\dfrac{R_2}{R_1}}{1-\left(\dfrac{f}{f_0}\right)^2 + j3\dfrac{f}{f_0}} \tag{2-40}$$

式中，

$$f_0 = \frac{1}{2\pi RC} \tag{2-41}$$

令式（2-40）中的分母为 $\sqrt{2}$，可解出通带截止频率为

$$f_p \approx 0.37 f_0 \tag{2-42}$$

根据式（2-40）可绘制出二阶低通有源滤波器的对数幅频特性，如图 2-93（b）所示。由图可见，二阶低通有源滤波器的通带截止频率比一阶低通有源滤波器的低，二阶低通有源滤波电路的衰减斜率达 -40dB/十倍频。

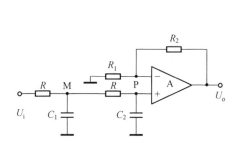

（a）电路图

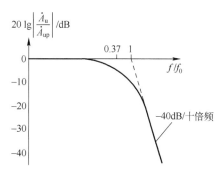

（b）对数幅频特性

图 2-93　二阶低通有源滤波器

【例 2.29】 在一阶低通有源滤波器中增加一个 RC 环节，就是可加大衰减斜率的二阶低通有源滤波器，如图 2-94 所示。图中，LM358 的电源电压为 ±15V，R = R1 = R2 = R3 = 10kΩ，C1 = C2 = 1μF。由二阶低通有源滤波器的通带放大倍数公式（与一阶时相同）A_{up} = $1 + R_2/R_1$ 可知，本电路的通带放大倍数为 2。由通带截止频率公式 $f_0 = 1/(2\pi RC)$，$f_p \approx$ 0.37f_0 可知，通带截止频率 f_p = 5.88Hz。从 INPUT 处输入信号，从 OUTPUT 处输出信号。试

求该二阶低通有源滤波器的频率响应图。

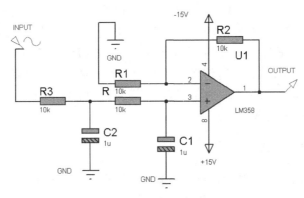

图 2-94　二阶低通有源滤波器的仿真电路图

从 INPUT 处输入交流电压信号，如所加信号是幅值为 1.0V、频率为 1kHz 的交流信号，用 Proteus 软件进行仿真，可以绘出该电路的频率响应图，如图 2-95 所示。由图可见，对数幅频特性曲线的幅值先高后低，最大值处的增益接近 6dB，恰好放大 2 倍。通带截止频率应在 6dB-3dB=3dB 处，依此测出通带截止频率 $f_0 = 5.95$Hz。可见，二阶低通有源滤波器的通带放大倍数和通带截止频率 f_p 的理论计算值与实测值是很接近的。

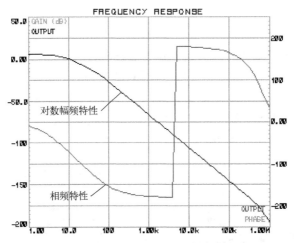

图 2-95　二阶低通有源滤波器的频率响应图

第3章 电流模式集成运算放大器

电流模式运算放大器又称电流反馈型运算放大器（Current - Feedback Operational Amplifier，CFA），它是 20 世纪 90 年代初期迅速发展起来的新型超高速运算放大器。电流模式运放是一种别具特色的单片集成电路，它与前面介绍过的电压模式运放（VFA）有许多不同之处，最重要的区别是：电压模式运放在放大高频信号时会受到增益带宽积（GBW）的限制，因此放大的信号频率不能太高；电流模式运放在放大高频信号时，没有增益带宽积（GBW）的限制，只是噪声和精度指标比电压模式运放稍微差一些。

自 1965 年第一块单片集成电压模式运放出现以来，它在模拟信号处理中一直占据主导地位。近 20 多年来，以电流为信号变量的电路在信号处理中的巨大潜力被挖掘出来。电流模式电路可以解决电压模式电路所遇到的一些难题，在速度、带宽、动态范围等方面有更优良的性能。在高频、高速信号处理领域，电流模式的电路设计方法正在取代传统的电压模式设计方法。

 ## 3.1 电流模式运算放大器的同相输入方式

在实际应用中，电流模式运放都工作在闭环状态。本节以负反馈放大器为例，分析电流模式运放的负反馈闭环特性。

1. 闭环直流特性

将电流模式运放接成同相电压放大器，如图 3-1 所示，从外表看与电压模式运放同相放大器相同，但其内部机制不同。可以推导出：

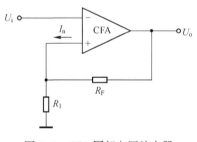

图 3-1 CFA 同相电压放大器

$$A_{UF} = \frac{U_o}{U_i} = \left(1 + \frac{R_F}{R_1}\right) \frac{1}{1 + \frac{R_F}{R_T}} \quad (3\text{-}1)$$

式中，R_T 为 CFA 运放的内部电阻，其典型值为 3MΩ。由式（3-1）可知，当 $R_T \gg R_F$ 时，A_{UF} 接近于 $\left(1 + \frac{R_F}{R_1}\right)$，即

$$A_{UF} \approx 1 + \frac{R_F}{R_1} \quad (3\text{-}2)$$

这就是 CFA 同相电压放大器的放大倍数公式。

2. 闭环频率特性

当 $R_T \gg R_F$ 时，可以推导出：

$$A_{UF}(s) \approx \frac{1+\dfrac{R_F}{R_1}}{1+sR_FC_T} \tag{3-3}$$

由式（3-3）可知，当 $\omega \approx 0$（或低频）时，$A_{UF}(s) \approx 1+\dfrac{R_F}{R_1}$。CFA 同相电压放大器在 -3dB 时的带宽为

$$BW_F = \frac{1}{2\pi R_FC_T} \tag{3-4}$$

式中，C_T 为 CFA 的内部电容，其典型值为 $3 \sim 5\text{pF}$。

式（3-3）和式（3-4）表明，对于一个给定的 CFA 同相电压放大器，C_T 是固定值，其闭环带宽取决于反馈电阻 R_F，可用 R_F 调节带宽，其放大倍数则可用 R_1 来控制。它实现了放大倍数与带宽的独立调节，克服了电压模式运放的放大倍数-带宽积为常数的缺点。

【例 3.1】图 3-2 所示的是 CFA 同相电压放大器的仿真电路图。图中，AD8001A 为 CFA（双电源供电），$R1 = RF = 10\text{k}\Omega$。从 INPUT 处输入信号，从 OUTPUT 处输出信号。求 CFA 同相电压放大器的频率特性曲线及输入-输出波形图。

从 INPUT 处输入交流电压信号，如所加信号是幅值为 1V、频率为 1kHz 的交流信号，用 Proteus 软件进行仿真，可以绘出该电路的频率特性曲线，如图 3-3 所示。由图可见，对数幅频特性曲线幅值直到 10MHz 处才有所下降，其最大值处的增益是 6dB（对应的放大倍数为 2），通带截止频率应在 6dB-3dB＝3dB 处，由此测出通带截止频率 f_0 约为 50MHz。

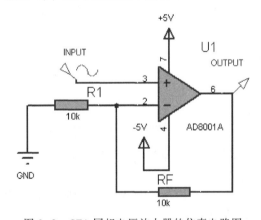

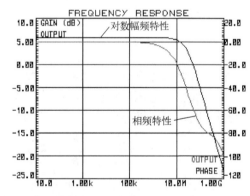

图 3-2　CFA 同相电压放大器的仿真电路图　　　　图 3-3　CFA 同相电压放大器的频率特性曲线

由式（3-2）可知，CFA 同相电压放大器的放大倍数 $A_{UF} \approx 1+10/10 = 2$，即通带放大倍数为 2。

由式（3-4）可知，CFA 同相电压放大器在 -3dB 时的带宽为

$$BW_F = \frac{1}{2\pi R_FC_T} = \frac{1}{2 \times 3.14 \times 10 \times 10^3 \times 3 \times 10^{-12}}(\text{Hz}) \approx 5.31\text{MHz}$$

由上述结果可知，该电路的通带放大倍数计算值与实测值一致，而 -3dB 时的带宽计算值与实测值出入较大。

图 3-4 所示为 CFA 同相电压放大器的输入-输出波形图。由图可见，该电路的输出信号与输入信号同相，仍为正弦波信号，只是幅值放大了 1 倍（即放大倍数为 2）。

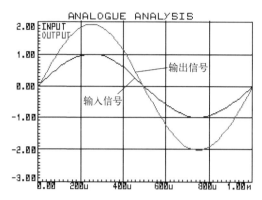

图 3-4　CFA 同相电压放大器的输入-输出波形图

3.2　电流模式运算放大器的反相输入方式

1. 闭环直流特性

将电流模式运放接成反相电压放大器，如图 3-5 所示。可以推导出：

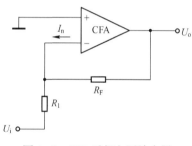

图 3-5　CFA 反相电压放大器

$$A_{UF} = \frac{U_o}{U_i} = -\frac{R_F}{R_1}\, \frac{1}{1+\dfrac{R_F}{R_T}} \qquad (3-5)$$

式中，R_T 为 CFA 运算放大器的内部电阻，其典型值为 3MΩ。由式（3-5）可知，R_F/R_T 越小，A_{UF} 越接近 $-R_F/R_1$。当 $R_T \gg R_F$ 时，式（3-5）可简化为

$$A_{UF} \approx -\frac{R_F}{R_1} \qquad (3-6)$$

这就是 CFA 反相电压放大器的放大倍数公式。

2. 闭环频率特性

当 $R_T \gg R_F$ 时，可以推导出：

$$A_{UF}(s) \approx \frac{-\dfrac{R_F}{R_1}}{1+sR_F C_T} \qquad (3-7)$$

由式（3-7）可知，当 $\omega \approx 0$（或低频）时，$A_{UF}(s) \approx -\dfrac{R_F}{R_1}$。CFA 反相电压放大器在 $-3dB$ 时的带宽为

$$BW_F = \frac{1}{2\pi R_F C_T} \tag{3-8}$$

式中，C_T 为 CFA 的内部电容，其典型值为 $3 \sim 5pF$。对于一个给定的 CFA 反相电压放大电路，C_T 是固定值，其闭环带宽取决于反馈电阻 R_F，可用 R_F 调节带宽；其放大倍数则可用 R_1 来控制。它也实现了放大倍数与带宽的独立调节。

若严格考虑由 CFA 构成的反相电压放大器，其带宽与电压放大倍数并不完全独立，当减小 R_F/R_1 的值时，电压放大倍数对带宽的影响会大大减弱。

由以上对 CFA 特性的讨论可知，无论采用反相输入或是同相输入方式，其电压放大器都具有下述特点。

☺ 带宽主要由时间常数 $R_F C_T$ 决定。对于给定的 CFA，C_T 为常数，此时带宽主要由反馈电阻 R_F 决定，改变 R_F 可以调节带宽。

☺ 电压放大倍数由 R_F/R_1 的值决定，改变 R_1 可调节电压放大倍数，对带宽的影响很小。因此，可实现增益与带宽的独立调节，或者在不同增益下基本实现恒定带宽。这一特征是电压模式集成运放电路做不到的。

【例3.2】图 3-6 所示的是 CFA 反相电压放大器的仿真电路图。图中，AD8001A 为 CFA（双电源供电），R1＝RF＝10kΩ。从 INPUT 处输入信号，从 OUTPUT 处输出信号。求 CFA 反相电压放大器的频率特性曲线及输入-输出波形图。

从 INPUT 处输入交流电压信号，如所加信号是幅值为 1V、频率为 1kHz 的交流信号，用 Proteus 软件进行仿真，可以绘出该电路的频率特性曲线，如图 3-7 所示。由图可见，对数幅频特性曲线幅值直到 10MHz 才有所下降，最大值处增益是 0dB（对应的放大倍数为 1），通带截止频率应在 0dB-3dB ＝ -3dB 处，由此测出通带截止频率 f_0 约为 50MHz。

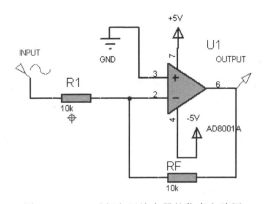

图 3-6　CFA 反相电压放大器的仿真电路图

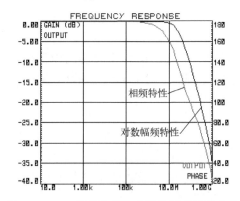

图 3-7　CFA 反相电压放大器的频率特性曲线

由式（3-6）可知，CFA 反相输入电压放大器的放大倍数 $A_{UF} \approx -10/10 = -1$，即通带放大倍数为 -1。

由式（3-8）可知，CFA 反相输入电压放大器在 $-3dB$ 时的带宽为

$$BW_F = \frac{1}{2\pi R_F C_T} = \frac{1}{2\times 3.14 \times 10 \times 10^3 \times 3 \times 10^{-12}}(Hz) \approx 5.31MHz$$

由上述结果可知，该电路的通带放大倍数计算值与实测值一致，而 -3dB 时的带宽计算值与实测值出入较大。

图 3-8 所示为 CFA 反相电压放大器的输入-输出波形图。由图可见，该电路的输出信号与输入信号反相，但仍为正弦波信号，幅值相同（即放大倍数为 1）。

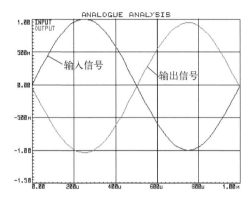

图 3-8　CFA 反相电压放大器的输入-输出波形图

3.3　由电流模式运算放大器构成的积分电路

应用 CFA 时，都要使其工作在闭环状态。从电路结构形式上看，与 VFA 基本相同，但由于二者的内部结构存在差异，所以在电路的构成上也有所不同。

由于 CFA 反相输入端的输入电阻很低，R_F 不能为零；$R_F = 0$ 相当于 CFA 的输出端与其反相输入端直接相连，这会使 CFA 过热而导致过热保护（无输出）甚至烧毁。通常，R_F 应为 $1k\Omega$ 以上的电阻。由 CFA 构成的同相输入积分电路不宜采用在输出端接微分电容的方式，而要在输入端加积分电容，如图 3-9（a）所示；由 CFA 构成的反相积分电路必须重新设置相加点，如图 3-9（b）所示。

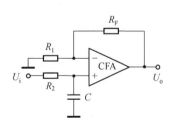

（a）由CFA构成的同相积分电路

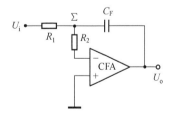

（b）由CFA构成的反相积分电路

图 3-9　由 CFA 构成的积分电路

【例 3.3】　由 CFA 构成的同相积分电路的仿真电路图如图 3-10 所示。图中，AD8001A 为 CFA（双电源供电），R1 = R2 = RF = $1k\Omega$，C1 = 0.5μF。从 INPUT 处输入信号，从 OUTPUT 处输出信号。求同相积分电路的输入-输出波形图。

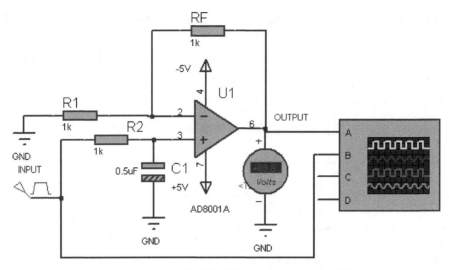

图 3-10　由 CFA 构成的同相积分电路的仿真电路图

用 Proteus 软件进行仿真，可以得到该电路的输入-输出波形图，如图 3-11 所示。由图可见，示波器的通道 A 显示的三角波是同相积分电路输出的积分信号，通道 B 显示的幅值为 1V、频率为 1kHz 的方波是输入信号。

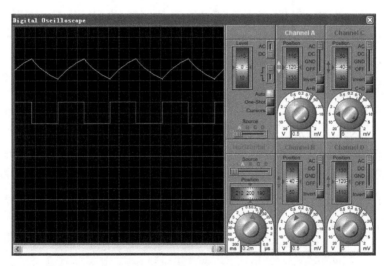

图 3-11　由 CFA 构成的同相积分电路的输入-输出波形图

【例 3.4】 由 CFA 构成的反相积分电路的仿真电路图如图 3-12 所示。图中，AD8001A 为 CFA（双电源供电），R1=R2=1KΩ，CF=0.5μF。从 INPUT 处输入信号，从 OUTPUT 处输出信号。求反相积分电路的输入-输出波形图。

用 Proteus 软件进行仿真，可以得到该电路的输入-输出波形图，如图 3-13 所示。由图可见，示波器的通道 B 显示的幅值为 1V、频率为 1kHz 的方波是输入信号，通道 A 显示的三角波是反相积分电路输出的积分信号。此三角波形的幅值变小了，频率保持为 1kHz，且与输入信号反相。

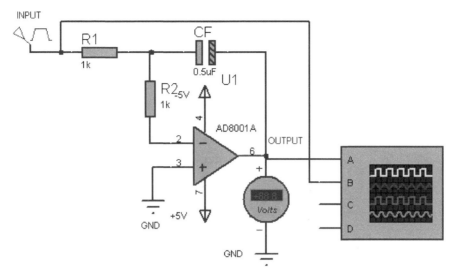

图 3-12　由 CFA 构成的反相积分电路的仿真电路图

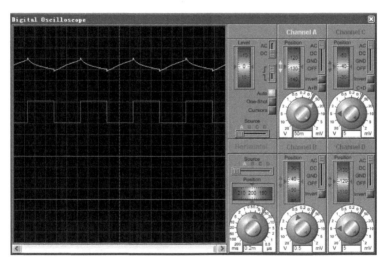

图 3-13　由 CFA 构成的反相积分电路的输入-输出波形图

 ## 3.4　由电流模式运算放大器构成的单端-差动信号转换电路

由 CFA 构成的单端-差动信号转换电路如图 3-14 所示。按照图中给定的元器件参数，该电路的放大倍数为 10，该电路的优点是可抑制共模信号、屏蔽噪声。

【例 3.5】　由 CFA 构成的单端-差动信号转换电路的仿真电路图如图 3-15 所示。图中，U1 和 U2 均为 AD8001A（双电源供电），$RF = R3 = 1k\Omega$，$R2 = RT = 100\Omega$，$RG = 111\Omega$，$R0 = R4 = RL = 50\Omega$。从 INPUT 处输入信号，从 OUTPUT 处输出信号。求单端-差动信号转换电路的输入-输出波形图。

用 Proteus 软件进行仿真，可以得到该电路的输入-输出波形图，如图 3-16 所示。由图可见，示波器的通道 A、B 都输出正弦波，通道 B 显示的幅值为 0.1V、频率为 1kHz 的正弦

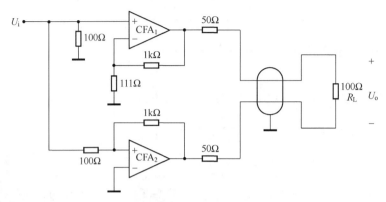

图 3-14　由 CFA 构成的单端-差动信号转换电路

波是输入信号，通道 A 显示的正弦波是被放大 10 倍后的同频率正弦波（输出信号）。

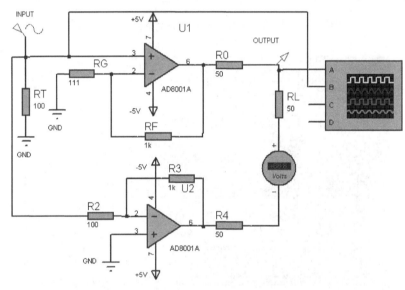

图 3-15　由 CFA 构成的单端-差动信号转换电路的仿真电路图

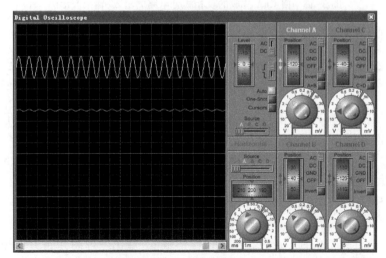

图 3-16　由 CFA 构成的单端-差动信号转换电路的输入-输出波形图

3.5　由电流模式运算放大器构成的宽带高速仪表放大器

仪表放大器，又称精密放大器、仪用放大器或测量放大器，常用于弱信号放大。对仪表放大器的要求是具有输入阻抗高、共模抑制比高、漂移低、噪声低、增益稳定度高、增益线性度高及频带足够宽等优良性能。在第 2 章中介绍的仪表放大器是由 2 个或 3 个 VFA 构成的，本节介绍的仪表放大器则是由 2 个或 3 个 CFA 构成的。图 3-17 所示为由 CFA 构成的仪表放大器。该电路的输出电压为

$$U_o = \left(1 - \frac{R_{F1}R_{F2}}{R_1 R_2}\right) U_{ic} - \frac{1}{2}\left(1 + \frac{2R_{F2}}{R_2} + \frac{R_{F1}R_{F2}}{R_1 R_2}\right) U_{id}$$

(3-9)

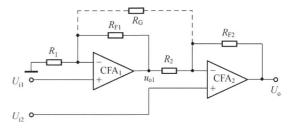

图 3-17　由 CFA 构成的仪表放大器

式中：第 1 项为共模输出电压，这是输出中所不需要的；第 2 项为差模输出电压，这是需要的输出。如果要抑制共模输出电压，使 CMRR 为 ∞，则应取

$$\frac{R_{F1}R_{F2}}{R_1 R_2} = 1$$

为此，首先取 $R_{F1} = R_{F2} = R_F$，再取 $R_1 = R_2 = R$，若 $R = R_F$，就可以满足 $\frac{R_{F1}R_{F2}}{R_1 R_2} = 1$。

在 CFA 电路中，R_F 不能随意改变，因为改变 R_F 后带宽会随之改变；如果单独改变 R_1 或 R_2，则电阻失配，从而使 CMRR 减小。为了便于调节增益，又不改变带宽，且不使 CMRR 降低，可以在两个 CFA 反相端之间接入 R_G。R_G 的接入不影响电路中原有的电阻匹配关系，也不影响电路的输入电阻和共模抑制比。加入 R_G 后，电路的输出电压为

$$U_o = \left(1 + \frac{R_{F2}}{R_G // R_2}\right) U_{i2} - \frac{R_{F2}}{R_2} U_{o1} - \frac{R_{F2}}{R_G} U_{i1} \tag{3-10}$$

在电阻匹配的条件下，$R_1 = R_2 = R_{F1} = R_{F2} = R_F = R$，则

$$U_o = \left(1 + \frac{R_F}{R} + \frac{2R_F}{R_G}\right)(U_{i2} - U_{i1}) \tag{3-11}$$

加入 R_G 后，仪表放大器的放大倍数为

$$A_{UF} = \frac{U_o}{U_{i2} - U_{i1}} = 1 + \frac{R_F}{R} + \frac{2R_F}{R_G} = 2\left(1 + \frac{R_F}{R_G}\right) \tag{3-12}$$

由此可知，改变 R_G 可调节 A_{UF}，且不降低共模抑制能力。

【**例 3.6**】由 CFA 构成的高速宽频带仪表放大器的仿真电路图如图 3-18 所示。图中，U1 和 U2 均为 AD8001A（双电源供电），R1 = R2 = 2.5kΩ，RF1 = RF2 = 2.5kΩ，RG = 625Ω。从 Ui1 和 Ui2 处输入信号，从 Uo 处输出信号。

用 Proteus 软件进行仿真，可以得到该电路的输出电压值，如图 3-18 所示。由图可见，

当接在 Ui1 和 Ui2 之间的虚拟电压表显示 +0.10V 时，接在 Uo 处的虚拟电压表显示 -0.99V，表明该电路的放大倍数约为10。

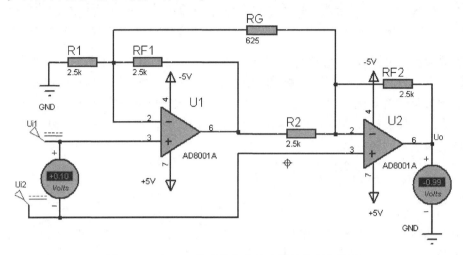

图 3-18　由 CFA 构成的仪表放大器的仿真电路图

由式（3-12）可知：

$$A_{UF} = 2\left(1 + \frac{R_F}{R_G}\right) = 2\left(1 + \frac{2.5 \times 10^3}{625}\right) = 10$$

从上述结果可知，仪表放大器的电压放大倍数计算值与实测值是比较吻合的。

3.6　VFA 与 CFA 性能比较

3.6.1　VFA——AD8047

AD8047 的特点：低噪声（频率为 100kHz 时，输入噪声为 $5.2\text{nV}/\sqrt{\text{Hz}}$）；低失真；有一定带容性负载能力（最大为 50pF）；增益带宽积为 250MHz；转换速率为 750V/μs；电源电压范围宽，为 ±(3 ~ 6)V。AD8047 有两种封装形式，其中一种是 8 引脚的 DIP 封装，其引脚图如图 3-19 所示。

【例 3.7】 图 3-20 所示的是采用 AD8047AP 构成的同相输入放大器的仿真电路图。图中：AD8047AP 的电源电压为 ±5V；RF = RG = 1kΩ；C1 ~ C4 是去除电源干扰的滤波电容器；同相输入放大倍数 A = 1 + RF/RG。从 UI 处输入信号，从 OUT 处输出电压。求该同相输入放大器的频率响应图。

给 UI 端输入幅值为 200mV、频率为 1kHz 的交流电压信号，用 Proteus 软件进行仿真，可以绘出该同相输入放大器的频率响应图，如图 3-21 所示。图中，幅频特性的增益为 6dB（对应的放大倍数为 2），其上限截止频率 f_H（即图中 5dB 水平线和幅频特性曲线交叉点对应的频率）约为 110MHz。这表明当电路的放大倍数为 2 时，频带宽度约为 110MHz。而从其相频特性可以看出，大约在 10MHz 以前，相位均为 0°。

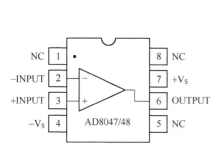

图 3-19 AD8047 引脚图

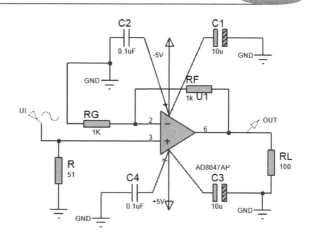

图 3-20 采用 AD8047AP 构成的同相输入
放大器的仿真电路图

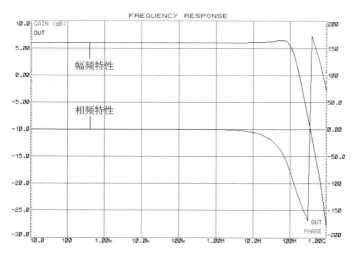

图 3-21 采用 AD8047AP 构成的同相输入放大器的频率响应图

维持 RF=1kΩ 不变，改变 RG（分别为 100Ω、10Ω），重新仿真，并将测试结果填入表 3-1。由表 3-1 可知，随着电阻 RG 的减小，放大倍数在增大，频带宽度在变窄，但放大倍数和频带宽度的乘积（增益带宽积 GBW）维持不变。这也正是 VFA 的特点。

表 3-1 放大倍数与带宽关系的实测数据（例 3.7）

放 大 倍 数	RF/Ω	RG/Ω	−3dB 时的带宽/MHz
+2	1	1000	120
+10	1	100	12
+100	1	10	1.2

3.6.2 CFA——AD8011A

AD8011A 的特点：低功耗；有良好的幅频特性，即在 25MHz 以内增益平坦；低失真；可以带容性负载（最大为 50pF）；增益带宽积为 300MHz；转换速率为 2000V/μs；电源电压

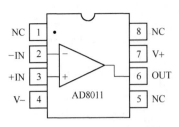

图 3-22　AD8011A 的引脚图

范围宽，为 ±(1.5 ~ 6)V；可以单电源供电。AD8011A 有两种封装形式：8 引脚 DIP 和 SOIC 封装。AD8011A 的引脚图如图 3-22 所示。

【例 3.8】 图 3-23 所示的是采用 AD8011A 构成的反相输入放大器的仿真电路图。图中：AD8011A 的电源电压为 ±5V；RF = 1kΩ，RG = 499Ω，RT = 54.9Ω；C1 ~ C4 是去除电源干扰的滤波电容器；反相输入放大器的放大倍数 $A = -RF/RG$。从 UI 处输入信号，从 OUT 处输出电压。求反相输入放大器的频率响应图。

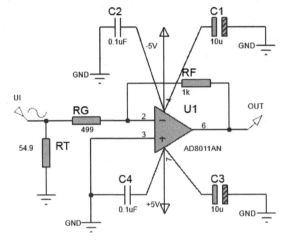

图 3-23　采用 AD8011A 构成的反相输入放大器的仿真电路图

给 UI 端输入幅值为 200mV、频率为 1kHz 的交流电压信号，用 Proteus 软件进行仿真，可以绘出该反相输入放大器的频率响应图，如图 3-24 所示。图中，幅频特性的增益为 6dB（对应的放大倍数为 2），其上限截止频率 f_H（图中 5dB 水平线和幅频特性曲线交叉点对应的频率）约为 122MHz。这表明当电路的放大倍数为 2 时，频带宽度约为 122MHz。而相频特性大约在 10MHz 以前，相位均为 180°，表示输出信号与输入信号反相。

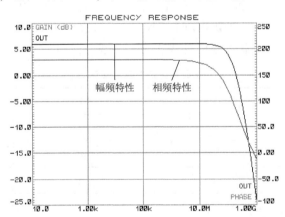

图 3-24　采用 AD8011A 构成的反相输入放大器的频率响应图

将电路中的电阻分别设置为两组电阻值（①RF = 1kΩ，RG = 1kΩ，RT = 52.3Ω；②RF = 499Ω，RG = 49.5Ω，RT = 49.9Ω），重新仿真，并将测试结果填入表 3-2。由表 3-2 可见，

随着电路放大倍数的增大，频带宽度并未变窄。这正是 CFA 的特点。

表 3-2　放大倍数与带宽关系的实测数据（例 3.8）

放大倍数	RF/Ω	RG/Ω	RT/Ω	−3dB 时的带宽/MHz
−1	1000	1000	52.3	131
−2	1000	499	54.9	122
−10	499	49.5	49.9	131

　　本书第 2 章中介绍的运放属于 VFA，其电压放大倍数与频带宽度的乘积（增益带宽积 GBW）是常数。而 CFA 没有恒定的增益带宽积，它可以在较宽的增益范围内保持高带宽。

3.7　CFA 应用实例

3.7.1　600MHz、50mW 双通道放大器 AD8002

　　AD8002 属于 CFA，其特点如下：双通道；低功耗，每个放大器的最大功耗为 50mW；有出色的幅频特性，在 60MHz 以内增益平坦；低失真；压摆率为 1200V/μs；既可以用±5V 双电源供电，也可以用+12V 单电源供电；高输出驱动，输出电流超过 70mA。AD8002 有两种封装形式：8 引脚小型 DIP 和 8 引脚 SOIC 封装。AD8002 的引脚图如图 3-25 所示。

　　【例 3.9】 图 3-26 所示的是采用 AD8002A 构成的同相输入放大器的仿真电路图。图中：AD8002A 的电源电压为±5V；$RF = RG = 750\Omega$，$RT = 50\Omega$，$R2 = 100\Omega$；$C1 \sim C4$ 是去除电源干扰的滤波电容器。由同相输入放大器的电压放大倍数公式可知，$A = 1+RF/RG = 1+750/750 = 2$。从 UI 处输入信号，从 OUT 处输出电压。求该同相输入放大器的频率响应图及输入-输出波形图。

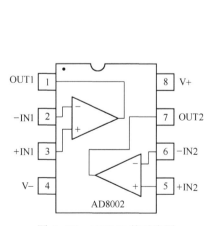

图 3-25　AD8002 的引脚图

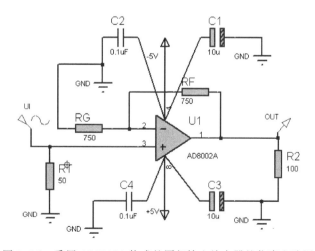

图 3-26　采用 AD8002A 构成的同相输入放大器的仿真电路图

　　给 UI 端输入幅值为 0.2V、频率为 1kHz 的交流电压信号，用 Proteus 软件进行仿真，可以绘出该同相输入放大器的频率响应图，如图 3-27 所示。图中，幅频特性的增益为 6dB

（对应的放大倍数为2），其上限截止频率f_H（图中5dB水平线和幅频特性曲线交叉点对应的频率）约为500MHz。这表明当电路的放大倍数为2时，频带宽度约为500MHz。而相频特性大约在100MHz以前，相位均为0°，表示输出信号与输入信号同相。

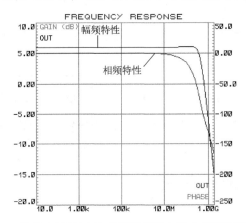

图3-27　采用AD8002A构成的同相输入放大器的频率响应图

图3-28所示为该同相输入放大器的输入-输出波形图。由图可见，输出信号与输入信号同相，且均为正弦波信号，只是幅值增大了1倍（或者说放大倍数是2）。

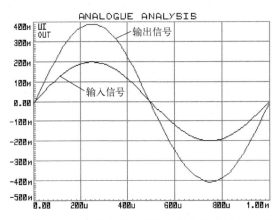

图3-28　采用AD8002A构成的同相输入放大器的输入-输出波形图

3.7.2　3000V/μs、35mW四通道放大器 AD8004

AD8004属于CFA，其特点如下：四通道；低功耗，每个放大器的功耗为35mW；有良好的幅频特性，在30MHz以内增益平坦；低失真；压摆率为3000V/μs；既可以用±（2～6）V双电源供电，也可以用（4～12）V单电源供电。AD8004有3种封装形式，其中常用的是14引脚小型DIP和14引脚SOIC封装。AD8004的引脚图如图3-29所示。

【例3.10】图3-30所示的是采用AD8004A构成的反相输入放大器的仿真电路图。图中，AD8004A的电源电压为±5V，RF=499Ω，RG=49.9Ω，R1=50Ω，C1～C4是去除电源干扰的滤波电容器。根据反相输入放大器的电压放大倍数公式可知，A=-RF/RG=-499/49.9=-10。从UI处输入信号，从OUT处输出电压。求该反相输入放大器的频率响应图及输入-输出波形图。

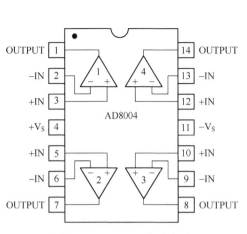

图 3-29　AD8004 的引脚图

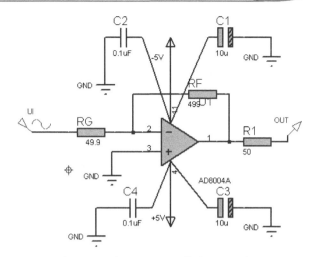

图 3-30　采用 AD8004A 构成的反相输入
放大器的仿真电路图

给 UI 端输入幅值为 0.2V、频率为 1kHz 的交流电压信号，用 Proteus 软件进行仿真，可以绘出该反相输入放大器的频率响应图，如图 3-31 所示。图中，幅频特性的增益为 20dB（对应的放大倍数为 10），其上限截止频率 f_H（图中 17dB 水平线和幅频特性曲线交叉点对应的频率）约为 110MHz。这表明当电路的放大倍数为 10 时，频带宽度约为 110MHz。而相频特性曲线大约在 10MHz 以前，相位均为 180°，表示输出信号与输入信号反相。

图 3-32 所示为该反相输入放大器的输入-输出波形图。由图可见，输出信号与输入信号反相，但仍为正弦波信号，而且幅值放大了 10 倍。

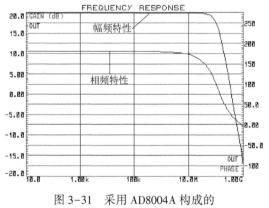

图 3-31　采用 AD8004A 构成的
反相输入放大器的频率响应图

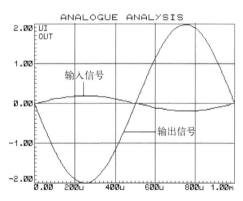

图 3-32　采用 AD8004A 构成的
反相输入放大器的输入-输出波形图

3.7.3　400μA 超低功耗、单通道高速放大器 AD8005

AD8005 是一种超低功耗、高速放大器，属于 CFA，其特点如下：单通道；低功耗；电源电流为 400μA；有良好的幅频特性，即在 30MHz 以内增益平坦；低失真；低噪声；压摆率为 280V/μs；既可以用±5V 双电源供电，也可以用+5V 单电源供电。AD8005 有 3 种封装形式，即 8 引脚 DIP、8 引脚 SOIC 和 5 引脚 SOT-23 封装。AD8005 的引脚图如图 3-33 所示。

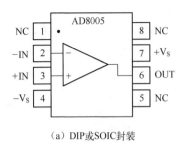
（a）DIP或SOIC封装

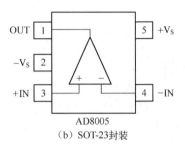
（b）SOT-23封装

图3-33　AD8005的引脚图

【例3.11】图3-34所示的是采用AD8005AN构成的同相输入放大器的仿真电路图。图中，AD8005AN的电源电压为±5V，RF＝RG＝3.01kΩ，RT＝50Ω，R1＝100Ω，C1～C4是去除电源干扰的滤波电容器。根据同相输入放大器的电压放大倍数公式可知，$A=1+RF/RG=1+3.01/3.01=2$。从UI处输入信号，从OUT处输出电压。求该同相输入放大器的频率响应图。

给UI端输入幅值为0.2V、频率为1kHz的交流电压信号，用Proteus软件进行仿真，可以绘出该同相输入放大器的频率响应图，如图3-35所示。图中，幅频特性的增益为6dB（对应的放大倍数为2），其上限截止频率f_H（图中5dB水平线和幅频特性曲线交叉点对应的频率）约为200MHz。这表明当电路的放大倍数为2时，频带宽度约为200MHz。而相频特性大约在10MHz以前，相位均为0°，表示输出信号与输入信号同相。

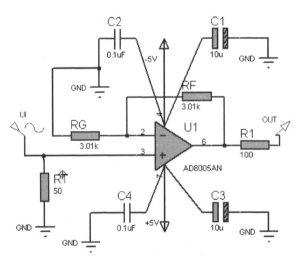

图3-34　采用AD8005AN构成的
同相输入放大器的仿真电路图

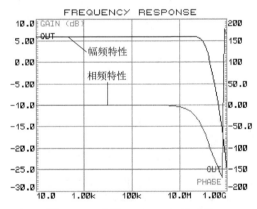

图3-35　采用AD8005AN构成的
同相输入放大器的频率响应图

1. VFA与CFA的区别

（1）带宽与增益：VFA的-3dB带宽由R_1、R_F和跨导g_m共同决定，这就是所谓的增益带宽积的概念，增益增大，带宽成比例下降。同时运放的稳定性由输入阻抗R_1和反馈

阻抗 R_F 共同决定。

而对于 CFA，它的增益和带宽是相互独立的，其-3dB 带宽仅由 R_F 决定，可以通过设定 R_F 得到不同的带宽；再设定 R_1，得到不同的增益。同时，其稳定性也仅受 R_F 影响。

（2）压摆率：当信号较大时，压摆率常常比带宽更占据主导地位。比如，同样用单位增益为 280MHz 的放大器来缓冲 10MHz、5V 的信号，CFA 能轻松完成，而 VFA 的输出波形将变为三角波，这是压摆率不足的典型表现。

通常来说，VFA 的压摆率在 500V/μs 以下，而 CFA 的则为数千 V/μs。

2. VFA 和 CFA 的应用场合

（1）在低速精密信号处理中，基本看不到 CFA 的身影，因为其直流精度远不如精密 VFA。

（2）在高速信号处理中，应考虑设计中所需要的压摆率和增益带宽积。一般而言，VFA 在 10MHz 以下、低增益和小信号调理中会拥有更好的直流精度和不失真性能；而 CFA 在 10MHz 以上、高增益和大信号调理中表现出更好的带宽和不失真度。当要求信号频率大于 10MHz 时，就需要考虑选择 CFA。

☺ 当 CFA 用作积分器时，其电路不同于 VFA 积分器，见例 3.3 和例 3.4。
☺ CFA 在反馈电阻器两端不能用并联电容器的方法消除振荡。
☺ CFA 的输出端与其反相输入端之间不能跨接电容器。
☺ CFA 的反馈电阻不能过大。
☺ CFA 的反馈电阻会影响其稳定性和带宽。
☺ CFA 不能用作电压跟随器。
☺ 单个 CFA 不能构成差动放大器。
☺ CFA 的压摆率较高。
☺ CFA 无增益带宽积这一参数。
☺ CFA 的增益和闭环带宽可以分别设置。
☺ CFA 的反馈电阻有一个最佳值，此时既可以保证其具有最大带宽，也可以保证其稳定性，且不会产生振荡。
☺ CFA 的放大倍数计算公式和 VFA 的相同。
☺ 由于 CFA 具有同相端与反相端不对称性，其共模抑制能力比 VFA 的差，CMRR 也较低。
☺ CFA 多用于高频、大信号调理及传输驱动，较少用于低频、小信号调理。

第4章 跨导运算放大器

跨导运算放大器（Operational Transconductance Amplifier, OTA）输入的是电压信号，输出的是电流信号，是一种增益为跨导的放大器。它既不是完全的 VFA，也不是完全的 CFA，而是一种混合模式放大器。OTA 内部只有电压–电流变换级和电流传输级，没有电压增益级，因此没有大摆幅电压信号和密勒电容倍增效应，具有高频性能好，大信号下的转换速率高，电路结构简单，电源电压和功耗较低的特点。

OTA 是一种将输入的差动电压信号转换为输出的电流信号的放大器，因此它是一种电压控制电流源。OTA 通常会有一个额外的电流输入端，用以控制放大器的跨导。

OTA 电路构造简单，易实现单元集成化。应用单片集成 OTA 时，无须外加反馈元器件；用集成 OTA 构成积分运算电路时，有时只须外接一个电容器；用集成 OTA 构成加/减运算电路时，不需要外接电阻器。

本章涉及的 OTA 有 LM13600（LM13700）、OPA660 和 OPA860。

4.1 OTA 的基本概念

1. OTA 的性能特点及其等效模型

OTA 是具有电压输入和电流输出的通用标准器件，其 G_m 受偏置电流的控制。OTA 的符号如图 4-1 所示。OTA 有两个输入端、一个输出端和一个控制端。图 4-1 中，"+"代表同相输入端，"–"代表反相输入端；I_o 为输出电流；I_B 为偏置电流，即外部控制电流。

OTA 的传输特性方程为

$$I_o = G_m(U_{i+} - U_{i-}) = G_m U_{id} \qquad (4-1)$$

式中：I_o 为输出电流；U_{id} 为差模输入电压，$U_{id} = U_{i+} - U_{i-}$；G_m 为开环跨导放大倍数。

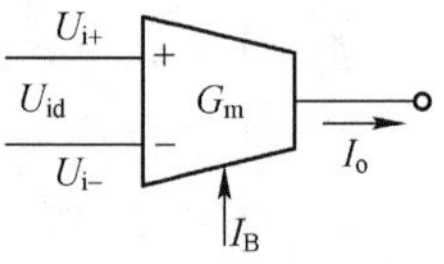

图 4-1 OTA 的符号

处理小信号时，G_m 与 I_B 呈线性关系，即

$$G_m = h I_B \qquad (4-2)$$

式中：h 为跨导放大因子，$h = \dfrac{q}{2kT} = \dfrac{1}{2U_T}$；$U_T$ 为温度电压当量；I_B 的量纲为 A；G_m 的量纲为 S。

与 VFA 比较，OTA 具有下列性能特点。

☺ OTA 的 G_m 以 S 为量纲，它属于电压控制的电流源器件。

☺ OTA 增加了一个控制端，改变 I_B 可以对 G_m 进行连续调节。

☺ OTA 输出的是电流信号，没有电压放大级，因此没有大摆幅电压信号和密勒电压倍增效应。

2. OTA 跨导控制电路

OTA 的特点之一就是其 G_m 可以通过改变 I_B 来调节，而改变 OTA 的 G_m 就可以调节应用电路的性能参数。

（1）单个 OTA 跨导控制电路：图 4-2 所示的是单电阻控制电路。在此电路中，外控电压 U_C 与偏置电流 I_B 之间的关系为

$$I_B = \frac{U_C + U_{EE} - U_D}{R} \tag{4-3}$$

式中：U_{EE} 为 OTA 的负电源电压；U_D 为 OTA 内部偏置电路中的发射结正向压降，该值由 OTA 的内部结构来决定。

图 4-3 所示的是运放 U-I 变换电路。其中：运放 A 和电阻器 R 构成 U-I 变换器；硅稳压二极管 VS 与 OTA 偏置电路中的发射结串联，形成运放 A 的负反馈电路，以保持偏置电流稳定，即

$$I_B = I_R = \frac{U_C}{R} \tag{4-4}$$

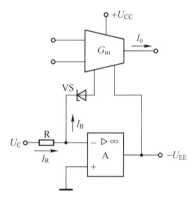

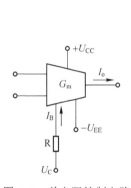

图 4-2　单电阻控制电路　　　　　图 4-3　运放 U-I 变换电路

在该电路中，I_B 与 OTA 内部偏置电路的发射结压降无关，只要运放 A 的输入电阻及电压放大倍数足够大，U_C 与 I_B 就能维持精确的线性关系。

（2）多个 OTA 跨导控制电路：在 OTA 的某些应用场合中，要求同时调节多个 OTA 的跨导值，实现这一要求仍要以单个 OTA 跨导控制电路为基础。图 4-4 所示的是一种电阻控制多个 OTA 跨导控制电路。

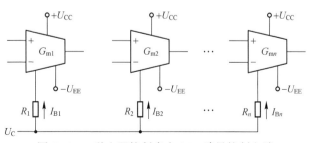

图 4-4　一种电阻控制多个 OTA 跨导控制电路

4.2 LM13600

作为通用型 IC，OTA 的市售产品都是由 BJT 管构成的。由 CMOS 构成的跨导器仅用于集成系统中。

4.2.1 LM13600 简介

LM3600 是美国国家半导体公司（NSC）生产的一种 BJT 型双 OTA 集成电路产品。封装在同一 IC 内的两个独立的 OTA 性能一致，IC 内还有两个缓冲级电路，如图 4-5 所示。

☺ 第 1 脚（I_{B1}）：OTA_1 的偏置电流端。

☺ 第 2 脚（I_{D1}）：OTA_1 的控制电流端。

☺ 第 3 脚（U_{i+1}）：OTA_1 的同相输入端。

☺ 第 4 脚（U_{i-1}）：OTA_1 的反相输入端。

☺ 第 5 脚（I_{o1}）：OTA_1 的电流输出端。

☺ 第 6 脚（U_{EE}）：负电源电压输入端。

☺ 第 7 脚（B_{in1}）：缓冲级 1 的输入端。

☺ 第 8 脚（B_{out1}）：缓冲级 1 的输出端。

☺ 第 9 脚（B_{out2}）：缓冲级 2 的输出端。

☺ 第 10 脚（B_{in2}）：缓冲级 2 的输入端。

☺ 第 11 脚（U_{CC}）：正电源电压输入端。

☺ 第 12 脚（I_{o2}）：OTA_2 的电流输出端。

☺ 第 13 脚（U_{i-2}）：OTA_2 的反相输入端。

☺ 第 14 脚（U_{i+2}）：OTA_2 的同相输入端。

☺ 第 15 脚（I_{D2}）：OTA_2 的控制电流端。

☺ 第 16 脚（I_{B2}）：OTA_2 的偏置电流端。

LM13600 的输出电流与偏置电流成正比，与控制电流成反比。LM13600 的应用非常灵活，利用其内部的缓冲级，可以构成增益可控的电压放大器或输出稳定电压的有源滤波器。

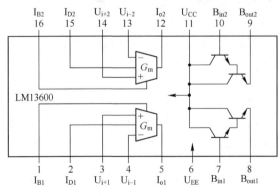

图 4-5　LM13600 结构示意图

4.2.2 LM13600 的应用

集成 BJT 型 OTA 是通用性很强的标准器件，它与 VFA 相似，仅须外接少量元器件即可实现各种形式的信号处理功能。不仅如此，OTA 还能够提供 VFA 所不易获得的电路功能，因为在某些应用中，用电流信号进行信息处理比用电压信号简便得多。同时，OTA 的 G_m 与 I_B 呈线性关系，若将一个控制电压变换为偏置电流，即可构成各种压控电路。

1. 用 LM13600 构成电压放大器

集成 OTA 在大多数情况下是不需要加反馈的，加反馈后即可构成电压放大器。

室温下，LM13600 的跨导增益为

$$G_m = 19.2 I_B$$

式中，G_m 的单位为 S，I_B 的单位为 A。

1) 反馈型电压放大器

（1）反相输入电压放大器：图 4-6 所示为反相输入电压放大器。可以推得，当 $G_m R_1 \gg 1$、$G_m R_F \gg 1$ 时，该电路的放大倍数为

$$A \approx -R_F / R_1 \tag{4-5}$$

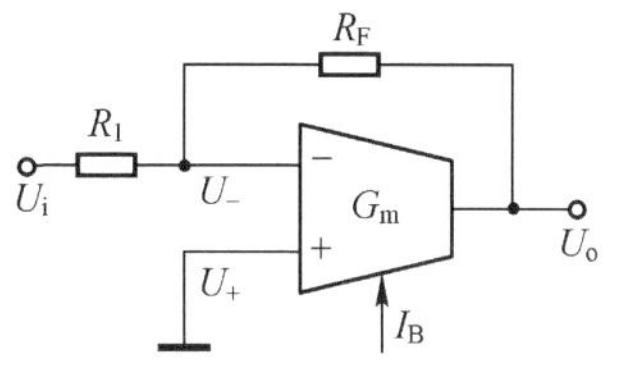

【例 4.1】 采用 LM13600 构成的反相输入放大器的仿真电路图如图 4-7 所示。图中：LM13600 的电源电压为 ±15V；

图 4-6 反相输入电压放大器

LM13600 的第 3 脚接地，第 4 脚经 R1 接输入的电压信号，第 4 脚与第 5 脚之间接反馈电阻 RF，第 2 脚与 +15V 之间接串联的 R3 和 RV1，第 5 脚接虚拟电压表用于观察输出信号；R1 = 5kΩ，RF = 10kΩ。

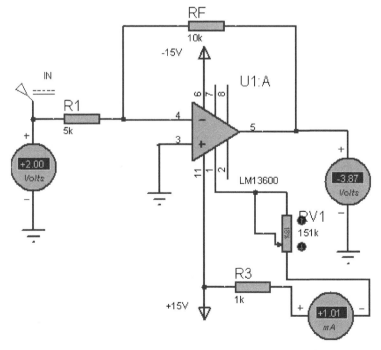

图 4-7 采用 LM13600 构成的反相输入电压放大器的仿真电路图

从 IN 处输入 2V 直流电压，用 Proteus 软件进行仿真，可以测出该电路的输出电压值，如图 4-7 所示。由图可见：右侧的电压表显示 -3.87V；电流表显示 1.01mA，这就是偏置电流值（I_B）。现在计算图中第 5 脚处的理论输出电压值。因为 $G_m R_1 = 19.2 \times 1.01 \times 10^{-3} \times 5 \times 10^3 = 96.96 \gg 1$，$G_m R_F = 19.2 \times 1.01 \times 10^{-3} \times 10 \times 10^3 = 193.92 \gg 1$，故该电路的放大倍数 $A \approx -10k\Omega/5k\Omega = -2$，输出电压为 $2V \times (-2) = -4V$。由此可见，实测值与理论值比较接近。

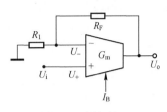

图 4-8 同相输入
电压放大器

（2）同相输入电压放大器：图 4-8 所示为同相输入电压放大器。可以推得，当 $G_m R_1 \gg 1$ 时，该电路的放大倍数为

$$A \approx 1 + R_F/R_1 \tag{4-6}$$

【例 4.2】 采用 LM13600 构成的同相输入电压放大器的仿真电路图如图 4-9 所示。图中：LM13600 的电源电压为 ±15V；LM13600 的第 4 脚通过 R1 接地，第 3 脚接输入的电压信号，第 4 脚与第 5 脚之间接反馈电阻 RF，第 2 脚与 +15V 之间接串联的 R3 和 RV1，第 5 脚接虚拟电压表用于观察输出信号；R1 = 5kΩ，RF = 10kΩ。

从 input 处输入 2V 直流电压，用 Proteus 软件进行仿真，可以测出该电路的输出电压值，如图 4-9 所示。由图可见：图中右侧的电压表显示 +6.00V；电流表显示 +1.37mA，这就是偏置电流值（I_B）。现在计算图中第 5 脚处的理论输出电压值。因为 $G_m R_1 = 19.2 \times 1.37 \times 10^{-3} \times 5 \times 10^3 = 131.52 \gg 1$，故该电路的放大倍数 $A \approx 1 + 10k\Omega/5k\Omega = 3$，输出电压为 $2V \times 3 = 6V$。可见，实测值与理论值相吻合。

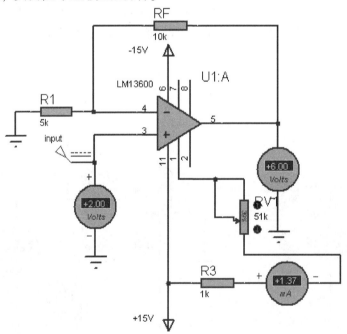

图 4-9 采用 LM13600 构成的同相输入电压放大器的仿真电路图

对于以上两种反馈型电压放大器，当 $G_m R_1 \gg 1$、$G_m R_F \gg 1$ 时，电路的放大倍数就与 G_m 无关，其放大倍数的计算公式与由 VFA 构成的反馈型电压放大器相同，未能发挥 OTA 增益可控的优越性。

2) 增益可控的电压放大器

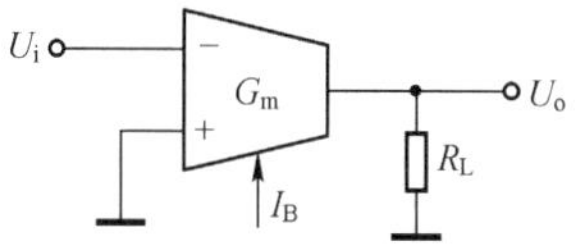

（1）反相输入基本电压放大器：图 4-10 所示为反相输入基本电压放大器。图中，R_L 为负载电阻。可以推得，该电路的放大倍数为

$$A \approx - G_m R_L \qquad (4-7)$$

图 4-10　反相输入
基本电压放大器

【例 4.3】采用 LM13600 构成的反相输入基本电压放大器的仿真电路图如图 4-11 所示。图中：LM13600 的电源电压为 ±15V；LM13600 的第 3 脚接地，第 4 脚接输入的电压信号，第 2 脚与 +15V 之间接 R3，第 5 脚接虚拟电压表用于观察输出信号。

从 in1 处输入 20mV 直流电压，用 Proteus 软件进行仿真，可以测出该电路的输出电压值，如图 4-11 所示。由图可见：图中右侧的电压表显示 -0.35V；电流表显示 -1.02mA，这就是偏置电流值（I_B）。现在计算图中第 5 脚处的理论输出电压值。由反相输入基本电压放大器的放大倍数公式可得，$A \approx - G_m R_L = -19.2 \times 1.02 \times 10^{-3} \times 1 \times 10^3 = -19.584$，所以该放大器的输出电压为 $0.02V \times (-19.584) = -0.39168V$。可见，实测值与理论值相差不大。

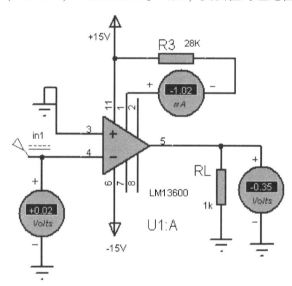

图 4-11　采用 LM13600 构成的反相输入基本电压放大器的仿真电路图

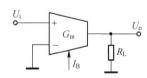

图 4-12　同相输入
基本电压放大器

（2）同相输入基本电压放大器：图 4-12 所示为同相输入基本电压放大器。图中，R_L 为负载电阻。可以推得，该电路的放大倍数为

$$A \approx G_m R_L \qquad (4-8)$$

【例 4.4】采用 LM13600 构成的同相输入基本电压放大器的仿真电路图如图 4-13 所示。图中：LM13600 的电源电压为 ±15V；LM13600 的第 4 脚接地，第 3 脚接输入的电压信号，第 2 脚与 +15V 之间接 R3，第 5 脚接虚拟电压表用于观察输出信号。

从 in 处输入 20mV 直流电压，用 Proteus 软件进行仿真，可以测出该电路的输出电压值，如图 4-13 所示。由图可见：图中右侧的电压表显示 +0.38V；电流表显示 -1.02mA，这就是偏置电流值（I_B）。现在计算图中第 5 脚处的理论输出电压值。由同相输入基本电压放大器

的放大倍数公式可得，$A \approx G_m R_L = 19.2 \times 1.02 \times 10^{-3} \times 1 \times 10^3 = 19.584$，所以该放大器的输出电压为 $0.02V \times 19.584 = 0.39168V$。可见，实测值与理论值比较接近。

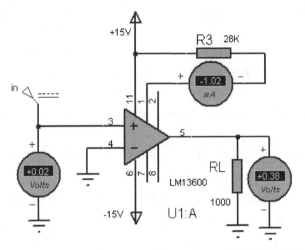

图 4-13　采用 LM13600 构成的同相输入基本电压放大器的仿真电路图

（3）两个 OTA 构成的电压放大器：图 4-14 所示为两个 OTA 构成的电压放大器。图中，R_L 为负载电阻。可以推得，当 $G_{m2} R_L \gg 1$ 时，该电路的放大倍数为

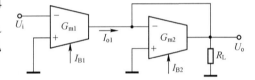

$$A \approx -\frac{G_{m1}}{G_{m2}} \qquad (4-9)$$

图 4-14　两个 OTA 构成的电压放大器

由此可知，该放大器的电压放大倍数与负载电阻 R_L 无关。

【例 4.5】采用两个 LM13600 构成的电压放大器的仿真电路图如图 4-15 所示。图中：LM13600 的电源电压为 ±15V；U1:A 和 U2:A 的第 3 脚接地；U1:A 的第 4 脚接输入的电压

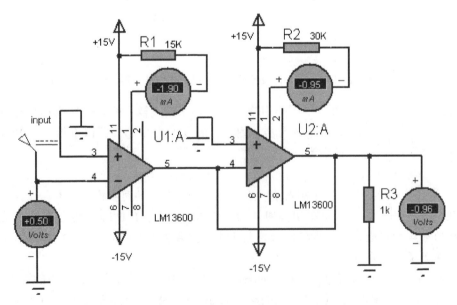

图 4-15　采用两个 LM13600 构成的电压放大器的仿真电路图

信号；U1:A 的第 5 脚接 U2:A 的第 4 脚；U2:A 的第 4 脚与第 5 脚相连；U1:A 的 +15V 和第 1 脚之间接 R1；U2:A 的第 1 脚与 +15V 之间接 R2；U2:A 的第 5 脚接虚拟电压表，以观察输出信号；$R1 = 15k\Omega$，$R2 = 30k\Omega$，$R3 = 1k\Omega$。

从 input 处输入 500mV 直流电压，用 Proteus 软件进行仿真，可以测出该电路的输出电压值，如图 4-15 所示。由图可见：图中右侧的电压表显示 -0.96V；接在 U1:A 上的电流表显示 -1.90mA，接在 U2:A 上的电流表显示 -0.95mA，它们分别是偏置电流值 I_{B1} 和 I_{B2}。现在计算图中 U2:A 的第 5 脚处的理论输出电压值。由两个 OTA 构成的电压放大器电路的输出放大倍数公式可得，$A \approx -\dfrac{G_{m1}}{G_{m2}} = \dfrac{I_{B1}}{I_{B2}} = -1.90\text{mA}/0.95\text{mA} = -2$，所以该放大器的输出电压为 $0.50V \times (-2) = -1.0V$。可见，实测值与理论值比较接近。

3）模拟加/减运算电路

（1）多个 OTA 构成的模拟加法器：将多个 OTA 的输出端连接在一起，使它们的输出电流均流经同一负载电阻而形成输出电压，便构成对多个输入电压信号相加的模拟运算电路，如图 4-16 所示。图中，R 为负载电阻。

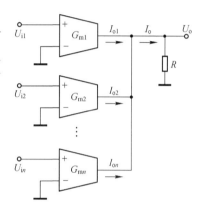

取 $G_{m1} = G_{m2} = \cdots = G_{mn} = \dfrac{1}{R}$，这可以通过调节 I_{B1}、I_{B2}、$\cdots$、I_{Bn} 来实现。可以推得，该电路的输出电压为

$$U_o = U_{i1} + U_{i2} + \cdots + U_{in} = \sum_{k=1}^{n} U_{ik} \qquad (4\text{-}10)$$

图 4-16　多个 OTA 构成的模拟加法器

【例 4.6】 采用 3 个 LM13600 构成的模拟加法器的仿真电路图如图 4-17 所示。图中：LM13600 的电源电压为 ±15V；3 个 OTA 分别是 U1:A、U1:B 和 U2:A；U1:A 和 U2:A 的第 4 脚接地；U1:B 的第 13 脚接地；U1:A 和 U2:A 的第 3 脚，以及 U1:B 的第 14 脚，接输入的电压信号；U1:A、U2:A 的第 1 脚与 +15V 之间分别接 R1 和 R3；U1:B 的 +15V 和第 16 脚之间接 R2；U1:A 和 U2:A 的第 5 脚，以及 U1:B 的第 12 脚，连接到一起，先接 R 到地，再接虚拟电压表，以观察输出信号；$R1 = R2 = R3 = 500k\Omega$，$R = 1k\Omega$。

在 In1 ～ In3 处依次接 0.01V、0.02V 和 0.03V 直流电压，用 Proteus 软件进行仿真，可以测出该电路的输出电压值，如图 4-17 所示。由图可见，图中右侧的电压表显示 +0.06V；接在 U1:A、U1:B 和 U2:A 上的电流表均显示 -0.05mA。现在计算 3 个输出信号汇总处的理论输出电压值。因为 $G_{m1} = G_{m2} = G_{m3} = 19.2 \times 0.05 \times 10^{-3} = 0.96 \times 10^{-3}(\text{S})$，$\dfrac{1}{R} = \dfrac{1}{1k\Omega} = 10^{-3}\text{S}$，所以 $G_{m1} = G_{m2} = G_{m3} \approx \dfrac{1}{R}$，故 $U_o = U_{i1} + U_{i2} + U_{i3} = (0.01 + 0.02 + 0.03)V = 0.06V$。可见，实测值与理论值一致。

（2）采用 OTA 构成的模拟加/减运算电路：在模拟加法器中，各个输入电压都加在 OTA 的同相输入端；如果将其中某个输入电压加在 OTA 的反相输入端，则该输入电压将被减去，这样就构成了加/减运算电路。

图 4-18 所示为采用 OTA 构成模拟加/减运算电路的示例（U_{i1}、U_{i3}、U_{i5} 加在 OTA 的同相输入端，U_{i2} 和 U_{i4} 加在 OTA 的反相输入端）。该电路的输出电压为 U_o，若 $G_{m1} = G_{m2} = G_{m3} = G_{m4} = G_{m5}$，则

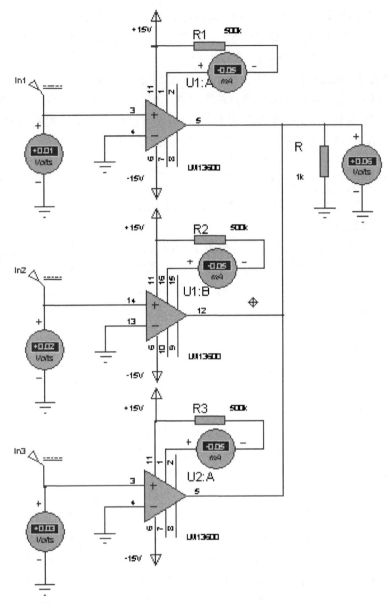

图 4-17   采用 3 个 LM13600 构成的模拟加法器的仿真电路图

$$U_o = U_{i1} - U_{i2} + U_{i3} - U_{i4} + U_{i5} \tag{4-11}$$

【例 4.7】 采用 4 个 LM13600 构成的模拟加/减运算电路的仿真电路图如图 4-19 所示。图中：LM13600 的电源电压为 ±15V；U1:A、U1:B 和 U2:A 用于加/减运算，U2:B 用于反相跟随输出；U1:A 和 U2:A 的第 4 脚以及 U1:B 的第 14 脚接地；U1:A 和 U2:A 的第 3 脚以及 U1:B 的第 13 脚分别接输入的电压信号；U1:A 和 U2:A 的第 5 脚以及 U1:B 的第 12 脚连接在一起，再连接 U2:B 的第 13 脚；U2:B 的第 14 脚接地，第 12 脚与第 13 脚直接相连；在 U2:B 的第 12 脚处连接虚拟电压表，用于观察输出信号；R1=R2=R3=R5=30kΩ。

依次接 0.01V、0.02V 和 0.03V 的直流电压，用 Proteus 软件进行仿真，可以测出该电路的输出电压值，如图 4-19 所示。由图可见，图中右侧的电压表显示 +0.02V，接在 U1:A、U1:B 和 U2:A 上的电流表均显示 -0.56mA。

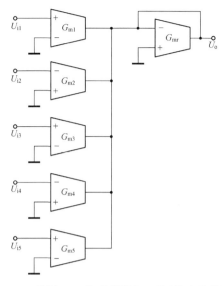

图 4-18　采用 OTA 构成模拟加/减运算电路的示例

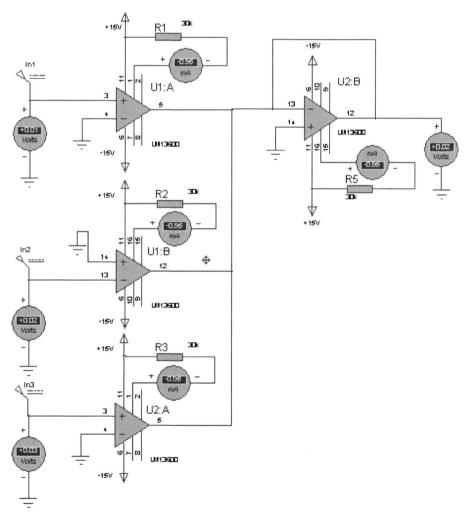

图 4-19　采用 4 个 LM13600 构成的模拟加/减运算电路的仿真电路图

现在计算图中 U2:B 的第 12 脚处的理论输出电压值。因为 R1 = R2 = R3，所以 $G_{m1} = G_{m2} = G_{m3}$，$U_o = U_{i1} - U_{i2} + U_{i3} = (0.01 - 0.02 + 0.03)$V = 0.02V。可见，实测值与理论值一致。

4) 积分运算电路

将 OTA 的输出端与地之间接一个电容器作为负载，其输出电压就是输入电压的积分，从而构成理想的积分运算电路。根据信号的输入方式不同，有同相、反相和差动 3 种不同形式的积分电路，分别如图 4-20 (a)、(b)、(c) 所示。这类积分电路的输入信号和输出信号都是电压信号，故称之为电压模式积分运算电路。

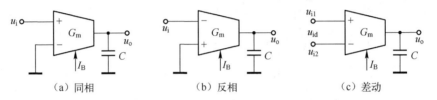

图 4-20   采用 OTA 构成的电压模式积分运算电路

可推得，图 4-20 (a)、(b)、(c) 所示电路的输出电压分别为

$$u_o(s) = G_m u_i(s) \frac{1}{sC} \tag{4-12}$$

$$u_o(s) = -G_m u_i(s) \frac{1}{sC} \tag{4-13}$$

$$u_o(s) = G_m u_{id}(s) \frac{1}{sC} \tag{4-14}$$

图 4-20 (a)、(b)、(c) 所示电路的输出电压时域表达式分别为

$$u_o(t) = \frac{1}{C} G_m \int u_i(t) \, dt \tag{4-15}$$

$$u_o(t) = -\frac{1}{C} G_m \int u_i(t) \, dt \tag{4-16}$$

$$u_o(t) = \frac{1}{C} G_m \int u_{id}(t) \, dt \tag{4-17}$$

它们的积分时间常数都是 $\frac{C}{G_m}$，改变 G_m 即可调节积分时间常数。

【例 4.8】 采用 LM13600 构成的同相积分运算电路的仿真电路图如图 4-21 所示。图中：LM13600 的电源电压为 ±15V；LM13600 的第 4 脚接地；第 3 脚接输入的电压信号；第 1 脚与 +15V 之间接 R3；第 5 脚与地之间接 C1；在 OUT 处测量输出电压信号；R3 = 2kΩ，C1 = 10μF。求该同相积分运算电路的输入-输出曲线。

从 Vi 处输入幅值为 1V、频率为 1kHz 的交流电压信号，用 Proteus 软件进行仿真，可以绘出该电路的输入-输出曲线，如图 4-22 所示。

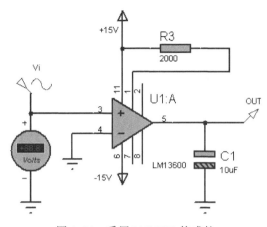

图 4-21　采用 LM13600 构成的
同相积分运算电路的仿真电路图

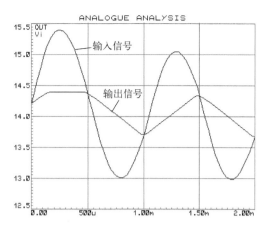

图 4-22　采用 LM13600 构成的
同相积分运算电路的输入-输出曲线

【例 4.9】　采用 LM13600 构成的反相积分运算电路如图 4-23 所示。图中：LM13600 的电源电压为 ±15V；LM13600 的第 3 脚接地；第 4 脚接输入的电压信号；第 1 脚与 +15V 之间接 R3，第 5 脚与地之间接 C1；在 OUT 处测量输出电压信号；R3 = 1kΩ，C1 = 5μF。求该反相积分运算电路的输入-输出曲线。

在 Vi 处输入幅值 1V、频率 1kHz 的交流电压信号，用 Proteus 软件进行仿真，可以绘出该电路的输入-输出曲线，如图 4-24 所示。

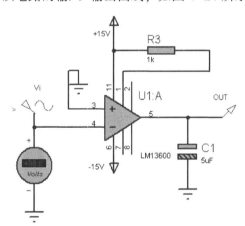

图 4-23　采用 LM13600 构成的反相
积分运算电路的仿真电路图

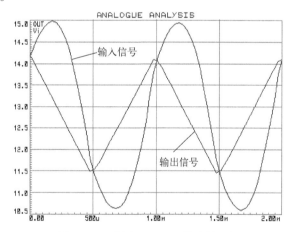

图 4-24　采用 LM13600 构成的反相
积分运算电路的输入-输出曲线

LM13700 与 LM13600 类似，两者的引脚兼容，功能相近。前面介绍的关于 LM13600 用法的例子，也完全适用于 LM13700，只须将电路中的 LM13600 换为 LM13700 即可。

4.3　电流传输器

1968 年，加拿大学者提出了一种新的模拟标准器件——电流传输器（Current Conveyer，CC）。电流传输器是一种四端集成器件。

第一代电流传输器（CCⅠ）是接地的三端口网络，即四端器件，其符号如图4-25所示。符号中的X和Y为输入端，Z为输出端，另有一公共接地端。该器件的基本作用是，如果有一个电压作用于输入端Y，则在输入端X呈现一个相等的电压；如果有一个输入电流 I 流进X端，则有等量的电流流进Y端，同时电流 I 将被传输到输出端Z。这样，Z端就具有高输出阻抗和电流值为 I 的电流源特性。由Y端电压确定的X端电压与流进X端的电流无关。CCⅠ的输入-输出特性可表示为

$$\begin{cases} I_Y = I_X \\ U_X = U_Y \\ I_Z = \pm I_X \end{cases} \qquad (4\text{-}18)$$

若 $I_Z = +I_X$，则称之为 $CCⅠ_+$，即 I_Z 与 I_X 都流入或流出端口；若 $I_Z = -I_X$，则称之为 $CCⅠ_-$，即 I_Z 与 I_X 一个流入端口，另一个流出端口。

第二代电流传输器（CCⅡ）是为了增加电流传输器的通用性对CCⅠ进行改进后得到的，其符号如图4-26所示。CCⅡ的输入-输出特性可表示为

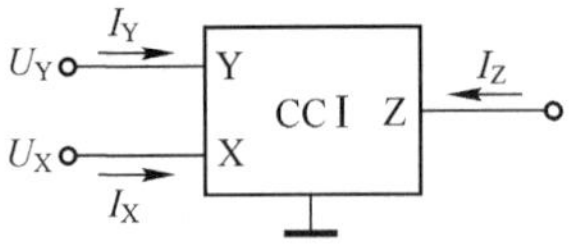

图4-25　CCⅠ符号 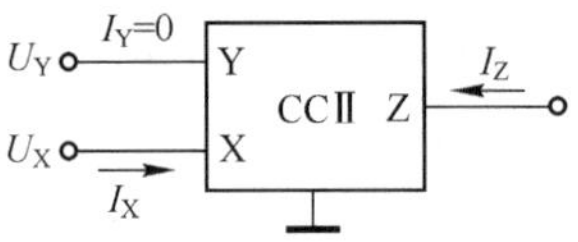　　　　　　图4-26　CCⅡ符号

$$\begin{cases} I_Y = 0 \\ U_X = U_Y \\ I_Z = \pm I_X \end{cases} \qquad (4\text{-}19)$$

CCⅡ与CCⅠ的不同之处在于Y端电流为零（ $I_Y = 0$ ），相当于Y端输入阻抗为无穷大；X端为电流输入端口，X端的电压跟随Y端电压，X端呈现零输入阻抗；X端输入电流传输到高阻抗的Z端，在Z端产生一个可控输出电流 I_Z，该电流仅取决于X端输入电流的大小，电流方向可相同也可相反。

4.4　OPA660

OPA660是一种Burr-Brown公司生产的宽带OTA。OPA660的内部不仅有宽带、双极性的OTA，还包括一个单位增益缓冲器，以及提供电流的偏置电流源。

图4-27所示的是OPA660的内部简化原理电路。$VT_1 \sim VT_{10}$ 构成一个OTA，它是一个压控电流源。为了方便，可以将OTA看作一个理想的模拟BJT，它有3个引出端，一端是高阻抗输入端（B），一端是低阻抗输入/输出端（E），另一端是电流输出端（C）。单位增益缓冲器由 $VT_{11} \sim VT_{16}$ 组成。

如图4-28所示，为了电路的简化，将图4-27中的OTA绘制成一个模拟BJT，其符号既要反映OTA与BJT管的类似，又要强调二者之间的区别：发射极为双箭头，说明OTA既是npn型管，又是pnp型管；集电极两个箭头表示它的电流既可流入，又可流出。

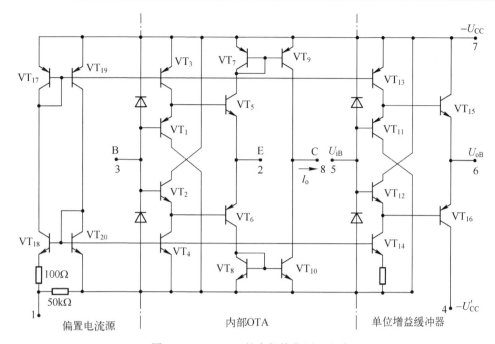

图 4-27 OPA660 的内部简化原理电路

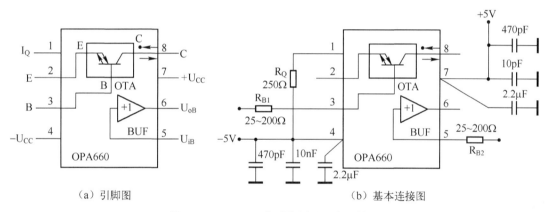

（a）引脚图　　　　　　　　　　（b）基本连接图

图 4-28 OPA660 的引脚图及基本连接图

OPA660 虽然具有良好的高频特性，但其工作在高频范围时应注意连线和布线问题。正、负电源的去耦电阻器和去耦电容器必不可少，并应尽量靠近器件引脚，连线和印制线要尽量短，PCB 的地线平面应尽可能宽大。应使用低感元器件，为防止寄生振荡，OTA 的 B 端和缓冲器输入端应串入 $25 \sim 200\Omega$ 的电阻器。

OPA660 的总静态电流 $I_Q = 85I_1$，I_1 是从第 1 脚流出的静态工作电流。在第 1 脚和第 4 脚之间外接一个 R_Q，用于调节 I_1，从而调节 I_Q。与所有 OTA 相同，改变 I_Q 可以改变其跨导。若 $R_Q = 250\Omega$，则 $I_Q \approx 20\text{mA}$，此时 OTA 的跨导约为 125mS。

OPA660 内部的 OTA 与单位缓冲器可单独使用，也可连在一起使用。

OPA660 可以构成前面介绍过的电流传输器，其内部 OTA 的 B 端、E 端、C 端相当于电流传输器的 Y 端、X 端、Z 端：B 端相当于 Y 端，为高阻抗输入端；E 端相当于 X 端，为低阻抗输入端；C 端相当于 Z 端，为电流输出端，其输出电流大小与 E 端电流相同。对于用

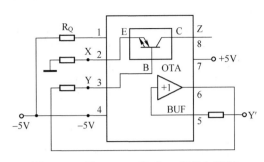

图 4-29　用 OPA660 构成 CC Ⅱ 的电路图

OPA660 构成的电流传输器 CC Ⅱ，如果觉得该电路的输入阻抗不够高，可将 OPA660 中的缓冲器接在 OTA 之前。用 OPA660 构成 CC Ⅱ 的电路图如图 4-29 所示。该电路的 Y′端具有高输入阻抗，Y′端输入电压信号 U_Y' 经单位缓冲器后使得 $U_Y = U_Y'$。Y 端对应于内部 OTA 的 B 端，内部 OTA 的 E 端电压跟随 B 端电压，因此 $U_X = U_Y$。E 端（即 CC Ⅱ 的 X 端）为低阻抗输入端，C 端（即 CC Ⅱ 的 Z 端）的输出电流 $I_o = I_Z = \pm I_X$。

4.5　OPA860

　　OPA860 是一种 B-B 公司生产的宽带 OTA 及缓冲器，其内部不仅有宽带、双极性的 OTA，还包括一个电压缓冲放大器。OTA 或压控电流源可以看作是一种理想的晶体管，和晶体管一样，它也有 3 个端子——高阻抗输入端（基极）、低阻抗输入/输出端（发射极）和电流输出端（集电极）。OPA860 采用 SO-8 封装，其引脚图如图 4-30 所示。对照 OPA660 的引脚图，可以发现两者的引脚分布完全相同。其实，OPA860 就是 OPA660 的升级版，前面对 OPA660 功能的介绍全部适用于 OPA860。

　　同样，OPA860 内部 OTA 的 B、E、C 三端分别相当于电流传输器（CC Ⅱ）的 Y、X 及 Z 三端。

　　与常规 VFA 比较，电流传输器的主要优点是具有更大的带宽增益积，即高增益下有更大带宽。在电流传

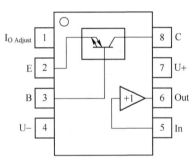

图 4-30　OPA860 的引脚图

输器应用电路中，有两类芯片可用，一是电流传输器芯片（如 PA630），二是跨导运算放大器。以下介绍用 OPA860 当作电流传输器 CC Ⅱ 的一些实用电路。

4.5.1　电流放大器

　　由 CC Ⅱ₊ 及附加电阻器构成的电流放大器如图 4-31 所示。可推得，该电流放大器的电流放大倍数为

$$A_i = \frac{I_o}{I_i} = \frac{R_1}{R_2} \tag{4-20}$$

图 4-31　由 CC Ⅱ₊ 及附加电阻器构成的电流放大器

【例 4.10】采用 OPA860 构成的电流放大器的仿真电路图如图 4-32 所示。图中：OPA860 的电源电压为 ±5V；OPA860 的第 2 脚通过 R2 接地；第 3 脚和第 6 脚相连；第 5 脚一路经 R1 接地，另一路通过 R0 接-5V 电源；第 8 脚接虚拟电流表和电压表，以观察输出信号；R1 = 10kΩ，R2 = 1kΩ，R0 = 100kΩ。

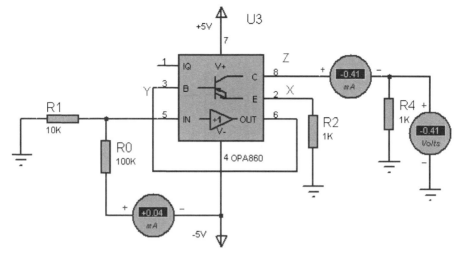

图 4-32　采用 OPA860 构成的电流放大器的仿真电路图

用 Proteus 软件进行仿真，可以测出该电路的输出电流值，如图 4-32 所示。由图可见：图中右侧的电流表显示-0.41mA；电压表显示-0.41V；接 R0 的电流表显示+0.04mA，这就是待放大的电流 I_i。注意，电流的方向应流向第 5 脚，所以电流值为-0.04mA。现在计算图中第 8 脚处的理论输出电流值。由电流放大器的电流放大倍数公式 $\dfrac{I_o}{I_i}=\dfrac{R_1}{R_2}$ 可知，$I_o=\dfrac{R_1}{R_2}\times I_i=\dfrac{10}{1}\times(-0.04\text{mA})=-0.40\text{mA}$。可见，实测值与理论值比较接近。

4.5.2　电流相加器

将 CCⅡ$_+$ 的 X 端加入若干电流，则可实现电流相加功能，其电路如图 4-33 所示。可推得，该电路总的输出电流为

$$I_o=-(I_1+I_2+I_3+\cdots+I_n)=-\sum_{j=1}^{n}I_j \qquad (4-21)$$

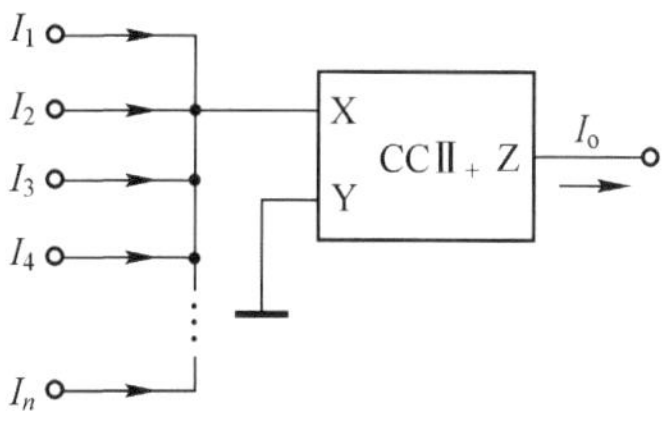

图 4-33　由 CCⅡ$_+$ 构成的
电流相加器

【例 4.11】采用 OPA860 构成的两路电流相加器的仿真
电路图如图 4-34 所示。图中：OPA860 的电源电压为±5V；OPA860 的第 3 脚接地；第 1 脚通过 R1 接-5V 电源；第 2 脚上一路经 R0 接-5V 电源，另一路通过 R2 接-5V 电源；第 8 脚接虚拟电压表，以观察输出信号；R1=100Ω，R2=300Ω，R0=250Ω，R4=1kΩ。

用 Proteus 软件进行仿真，可以测出该电路的输出电压值，如图 4-34 所示。由图可见：图中右侧的电压表显示+33.2V；接 R0 的电流表显示+18.8mA，接 R2 的电流表显示+15.6mA，这两路电流就是待相加的电流 I_1 和 I_2。注意，电流的方向是流向第 2 脚的，所以 $I_1=-18.8\text{mA}$，$I_2=-15.6\text{mA}$。现在计算图中第 8 脚处的理论输出电流值。由电流相加器总电流计算公式可得，$I_o=-(I_1+I_2)=-(-18.8-15.6)\text{mA}=34.4\text{mA}$。而在 1kΩ 电阻上的电压降为+33.2V，表明其上流过的电流为+33.2mA。可见，实测值与理论值比较接近。

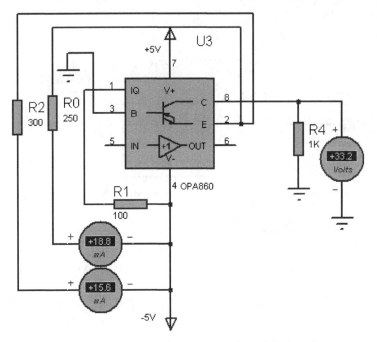

图 4-34 采用 OPA860 构成的电流相加器的仿真电路图

4.5.3 电压相加器

图 4-35 所示为由 CC II_ 与电阻器构成的电压相加器。取 $R_1 = R_2 = R_3 = \cdots = R_n$，可以推得，该电路的输出电压为

$$U_{\mathrm{o}} = \frac{1}{n}(U_{\mathrm{i1}} + U_{\mathrm{i2}} + U_{\mathrm{i3}} + \cdots + U_{\mathrm{in}}) = \frac{1}{n}\sum_{j=1}^{n} U_{\mathrm{ij}} \qquad (4\text{--}22)$$

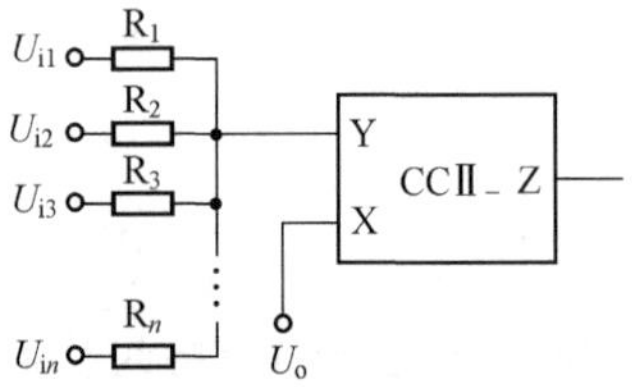

图 4-35   由 CC II_ 与电阻器构成的电压相加器

【例 4.12】 采用 OPA860 构成的电压相加器的仿真电路图如图 4-36 所示。图中：OPA860 的电源电压为±5V；3 个输入信号分别通过 R1、R2、R3 连接在 OPA860 的第 3 脚上；OPA860 的第 1 脚通过 R4 接-5V 电源；第 2 脚接虚拟电压表，以观察输出信号；R1 = R2 = R3 = 10kΩ，R4 = 1kΩ。

给 in1、in2、in3 端分别加 1V、2V、3V 直流电压，用 Proteus 软件进行仿真，可以测出该电路的输出电压值，如图 4-36 所示。电压表显示+1.97V。现在计算第 2 脚处的理论输出电压值。由电压相加器输出电压计算公式可得，$U_{\mathrm{o}} = \dfrac{1}{n}$（$U_{\mathrm{i1}} + U_{\mathrm{i2}} + U_{\mathrm{i3}}$）$= \dfrac{1}{3}$（1+2+3）V = 2V。可见，实测值与理论值相差不大。

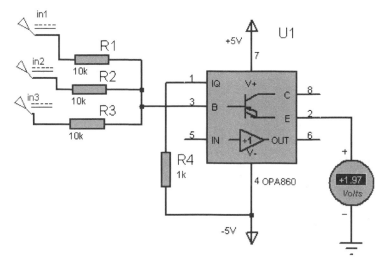

图 4-36　采用 OPA860 构成的电压相加器的仿真电路图

4.5.4　电压积分器

将 U_i 加在 Y 端，在 X 端与地之间接电阻器，Z 端与地之间接电容器，就构成了电压积分器，如图 4-37 所示。

可以推得，该电路的输出电压为

$$U_o = \frac{1}{RC}\int U_i \mathrm{d}t \qquad (4\text{-}23)$$

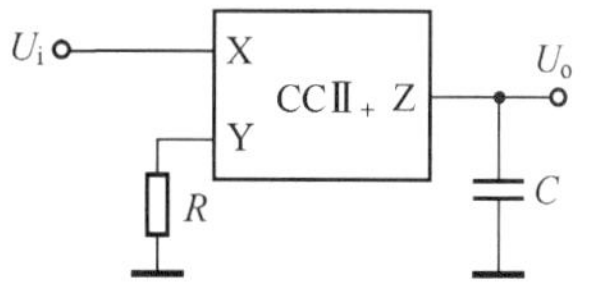

图 4-37　由 CCⅡ₊构成的电压积分器

【例 4.13】 采用 OPA860 构成的电压积分器的仿真电路图如图 4-38 所示。图中：OPA860 的电源电压为±5V；输入信号从 input 处直接加在 OPA860 的第 5 脚上；OPA860 的第 3 脚和第 6 脚相连；第 2 脚通过 R1 接地；第 8 脚通过 C1 接地；第 1 脚通过 R2 和−5V 电源连接；将虚拟示波器的 A、B 探头分别接在第 5 脚、第 8 脚上，以观察 I/O 信号；R1 = 10kΩ，R2 = 5kΩ，C1 = 1μF。

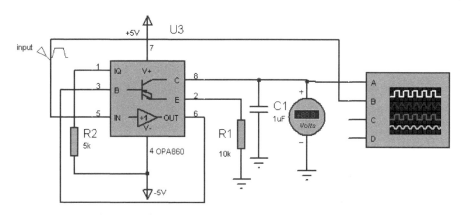

图 4-38　采用 OPA860 构成的电压积分器的仿真电路图

给 input 处加幅值为 1V、频率为 10Hz 的方波电压信号，用 Proteus 软件进行仿真，可以测出该电路的 I/O 波形，如图 4-39 所示。由图可见，示波器 B 通道显示的是外部输入的幅值为 1V、频率为 10Hz 的方波电压信号，A 通道显示的是该电路输出的与输入信号同频率的三角波，而方波的积分就是三角波。

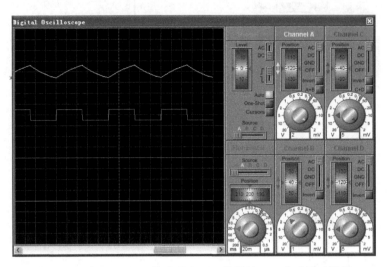

图 4-39　采用 OPA860 构成的电压积分器的 I/O 波形测试结果

4.5.5　电压放大器

由 CC II$_+$ 和电阻器可以构成开环电压放大器，也可以构成闭环电压放大器。

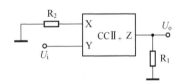

图 4-40　由 CC II$_+$ 构成的
开环电压放大器

1. 开环电压放大器

图 4-40 所示为由 CC II$_+$ 构成的开环电压放大器。可推得，该开环电压放大器的电压放大倍数为

$$A = \frac{U_o}{U_i} = \frac{R_1}{R_2} \tag{4-24}$$

【例 4.14】 采用 OPA860 构成的开环电压放大器的仿真电路图如图 4-41 所示。图中：OPA860 的电源电压为 ±5V；输入信号从 in 处加在 OPA860 的第 3 脚上；OPA860 的第 2 脚通过 R2 接地；第 1 脚通过 R3 和 -5V 电源连接；第 8 脚通过 R1 接地；第 8 脚接虚拟电压表，以观察输出信号；R1 = 10kΩ，R2 = 5kΩ，R3 = 100Ω。

将 500mV 的直流电压信号加在 in 处，用 Proteus 软件进行仿真，可以测出该电路的输出电压值，如图 4-41 所示。由图可见，电压表显示 +0.96V。现在计算第 8 脚处的理论输出电压值。由开环电压放大器的电压放大倍数计算公式可得，$U_o = \frac{R_1}{R_2} U_i = \frac{10}{5} \times 0.5\text{V} = 1\text{V}$。可见，实测值与理论值比较接近。

2. 闭环反相电压放大器

图 4-42（a）所示为由 CC II$_+$ 构成的闭环反相电压放大器。可推得，该闭环反相电压放大器的放大倍数为

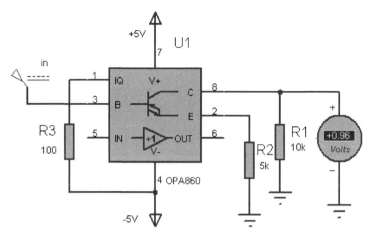

图 4-41　采用 OPA860 构成的开环电压放大器的仿真电路图

$$A = \frac{U_o}{U_i} = -\frac{R_2}{R_1} \tag{4-25}$$

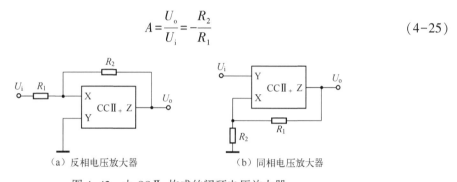

（a）反相电压放大器　　　　　　　（b）同相电压放大器

图 4-42　由 CCⅡ₊ 构成的闭环电压放大器

【例 4.15】 采用 OPA860 构成的闭环反相电压放大器的仿真电路图如图 4-43 所示。图中：OPA860 的电源电压为 ±5V；输入信号从 input 处通过 R1 加在 OPA860 的第 5 脚上；OPA860 的第 8 脚通过 R2 也连在第 5 脚上；第 3 脚接地；第 2 脚和第 6 脚连接在一起；第 1 脚通过 R3 和 −5V 电源连接；第 8 脚上接虚拟电压表，以观察输出信号；R1 = 5kΩ，R2 = 10kΩ，R3 = 100Ω。

将 2V 的直流电压信号加在 input 处，用 Proteus 软件进行仿真，可以测出该电路的输出电压值，如图 4-43 所示。由图可见，电压表显示 −4.05V。现在计算图中第 8 脚处的理论输出电压值。由闭环反相放大器的电压放大倍数计算公式可得，$U_o = -\frac{R_2}{R_1} U_i = -\frac{10}{5} \times 2V = -4V$。可见，实测值与理论值比较接近。

3. 闭环同相电压放大器

图 4-42（b）所示为由 CCⅡ₊ 构成的闭环同相电压放大器。可推得，该闭环同相电压放大器的放大倍数为

$$A = \frac{U_o}{V_i} = 1 + \frac{R_1}{R_2} \tag{4-26}$$

【例 4.16】 采用 OPA860 构成的闭环同相电压放大器的仿真电路图如图 4-44 所示。图中：

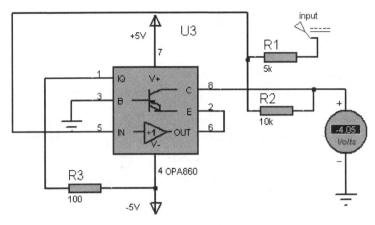

图 4-43   采用 OPA860 构成的闭环反相电压放大器的仿真电路图

OPA860 的电源电压为 ±5V；输入信号从 input 处加在 OPA860 的第 3 脚上；OPA860 的第 8 脚通过 R1 连在第 5 脚上；第 5 脚通过 R2 接地；第 2 脚和第 6 脚连接在一起；第 1 脚通过 R4 和 -5V 电源连接；第 8 脚接虚拟电压表，以观察输出信号。R1＝20kΩ，R2＝10kΩ，R4＝100Ω。

将 0.9V 的直流电压信号加在 input 处，用 Proteus 软件进行仿真，可以测出该电路的输出电压值，如图 4-44 所示。由图可见，电压表显示 +2.63V。现在计算第 8 脚处的理论输出电压值。由闭环同相电压放大器的放大倍数计算公式可得，$U_o = \left(1 + \dfrac{R_1}{R_2}\right) U_i = \left(1 + \dfrac{20}{10}\right) \times 0.9\text{V} = 2.7\text{V}$。

可见，实测值与理论值相差不大。

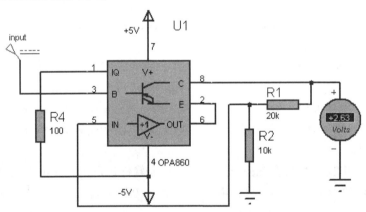

图 4-44   采用 OPA860 构成的闭环同相电压放大器的仿真电路图

4.5.6   正弦波发生器

将 CCⅡ₊ 与 RC 网络连接，可构成正弦波发生器，如图 4-45 所示。

可推得，该正弦波发生器在 $R_2 > R_1$ 和 $C_2 > C_1$ 的条件下才能振荡。振荡的角频率为

$$\omega = \frac{1}{R_1} \sqrt{\frac{R_2 - R_1}{R_2 C_1 (C_2 - C_1)}} \qquad (4\text{--}27)$$

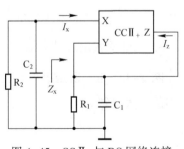

图 4-45   CCⅡ₊ 与 RC 网络连接构成的正弦波发生器

【**例 4. 17**】采用 OPA860 构成的正弦波发生器的仿真电路图如图 4-46 所示。图中：OPA860 的电源电压为 ±5V；OPA860 的第 8 脚接虚拟示波器，以观察输出信号；R1 = 4kΩ，R2 = 5kΩ，R3 = 30kΩ，C1 = 0.2μF，C2 = 0.6μF。求该正弦波发生器的输出电压波形。

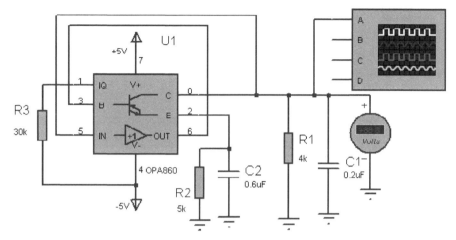

图 4-46　采用 OPA860 构成的正弦波发生器的仿真电路图

用 Proteus 软件进行仿真，可以测出该电路的输出电压波形，如图 4-47 所示。由图可见，示波器 A 通道显示的波形就是正弦波发生器输出的正弦波信号，只是信号有点失真，频率约为 250Hz。

现在计算图中第 8 脚处的理论输出正弦波的频率。由振荡的角频率计算公式 $\omega = \dfrac{1}{R_1}\sqrt{\dfrac{R_2 - R_1}{R_2 C_1 (C_2 - C_1)}}$ 可知，$f = \dfrac{1}{2\pi R_1}\sqrt{\dfrac{R_2 - R_1}{R_2 C_1 (C_2 - C_1)}}$，将有关参数代入得：

$$f = \frac{1}{2 \times 3.14 \times 4 \times 10^3} \times \sqrt{\frac{(5-4) \times 10^3}{5 \times 10^3 \times 0.2 \times 10^{-6} \times (0.6 - 0.2) \times 10^{-6}}}\ \text{Hz} \approx 62.9\text{Hz}$$

可见，实测值与理论值相差不小。由电路中给出的电阻和电容参数可知，R2>R1 和 C2>C1，满足电路起振条件。

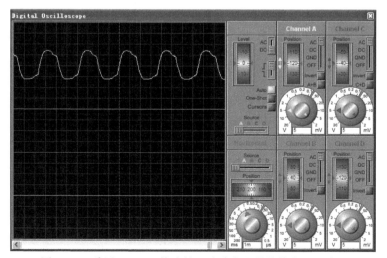

图 4-47　采用 OPA860 构成的正弦波发生器的输出电压波形

4.5.7 有源滤波器

电流传输器可以构成电流放大器和电压放大器，当然也可以构成有源滤波器。图 4-48 所示为采用 CCⅡ$_+$ 构成的二阶低通滤波器，它只用 1 个 CCⅡ$_+$、2 个电阻器和 2 个电容器，其性能比用 VFA 构成的二阶低通滤波器优越。

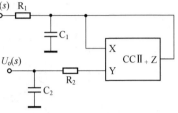

可推得，该二阶低通滤波器的通带电压放大倍数为

$$A_{U0} = 1 \qquad (4-28)$$

上限截止角频率为

$$\omega_{H} = \frac{1}{\sqrt{R_1 R_2 C_1 C_2}} \qquad (4-29)$$

图 4-48   采用 CCⅡ$_+$ 构成的二阶低通滤波器

品质因数为

$$Q = \frac{\sqrt{R_1 R_2 C_1 C_2}}{R_1 C_1 + R_2 C_2} \qquad (4-30)$$

【例 4.18】 采用 OPA860 构成的二阶低通滤波器的仿真电路图如图 4-49 所示。图中：OPA860 的电源电压为 ±5V；R1 = R2 = 1kΩ，R3 = 10kΩ，C1 = C2 = 1μF。求二阶低通滤波器的频率响应曲线。

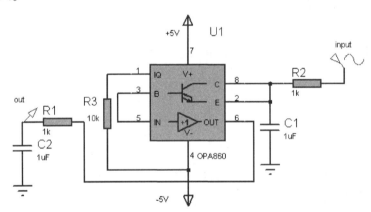

图 4-49   采用 OPA860 构成的二阶低通滤波器的仿真电路图

在 input 处输入幅值为 1V、频率为 1kHz 的交流信号，用 Proteus 软件进行仿真，可以绘出该电路的频率响应曲线，如图 4-50 所示。由图可见，输出的幅频特性曲线先高后低，是典型的低通滤波器幅频特性曲线，其最大值小于 0，其上限截止频率大概在 160Hz 处。

现在计算该二阶低通滤波器的理论上限截止频率。由二阶低通滤波器的上限截止角频率计算公式 $\omega_{H} = \dfrac{1}{\sqrt{R_1 R_2 C_1 C_2}}$ 可知，$f = \dfrac{1}{2\pi\sqrt{R_1 R_2 C_1 C_2}}$，将有关参数代入得：

$$f = \frac{1}{2 \times 3.14 \times \sqrt{1 \times 10^3 \times 1 \times 10^3 \times 1 \times 10^{-6} \times 1 \times 10^{-6}}} \text{Hz} \approx 159.2\text{Hz}$$

可见，实测值与理论值很接近。

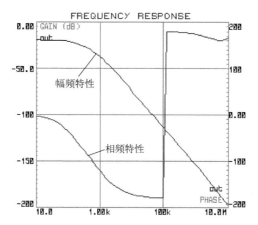

图 4-50 采用 OPA860 构成的二阶低通滤波器的频率响应曲线

　　跨导运算放大器（OTA）是一种新型的运放，它与常规运放不同的是：OTA 具有一个以偏置电流注入形式出现的附加控制输入端，这使其特性及应用更加灵活；OTA 的输出不是用常规运放中输出阻抗趋于零的电压源表示，而是用具有极高输出阻抗的电流源表示。OTA 常用作可编程放大器、模拟相乘器、音频处理中的积分器和采样保持电路中的电流开关等。

　　OTA 的特点是输入电压、输出电流。

第5章 模拟乘法器

乘法器（Multiplier）分为数字乘法器（或硬件乘法器）和模拟乘法器。数字乘法器是计算机中用的组合逻辑电路。它可以将两个二进制数相乘，是由更基本的加法器组成的。

模拟乘法器是实现两个模拟信号（电压或电流）相乘功能的有源非线性器件。模拟乘法器不仅是乘法、除法、乘方和开方等模拟运算的主要基本单元，广泛应用于电子通信系统，实现调制、解调、混频、鉴相和自动增益控制，还可用于滤波、波形形成和频率控制等，是一种用途广泛的功能电路。

模拟乘法器有两个输入端，即 X 输入端和 Y 输入端。常见的集成模拟乘法器有 BG314、F1595、F1596、MC1495、MC1496、LM1595、LM1596、AD534、AD633、AD734 等。

5.1 模拟乘法器的基本概念

1. 模拟乘法器的概念

模拟乘法器通常是对两个互不相关的模拟量实现相乘功能的电子器件。它一般有两个输入端（常称为 X 输入端和 Y 输入端）、一个输出端（常称为 Z 输出端），是一个三端口网络，其符号如图 5-1 所示。

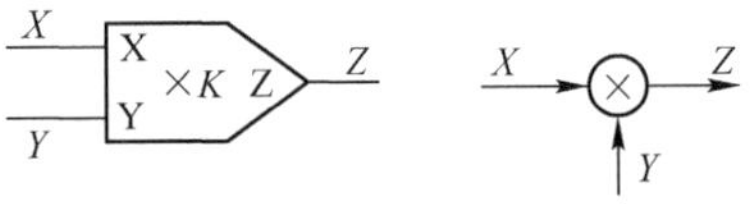

模拟乘法器的输出量 Z 与两个输入量 X 和 Y 的乘积成正比，即

图 5-1 模拟乘法器的符号

$$Z = KXY \qquad (5-1)$$

式中，K 是乘积系数（又称乘积增益或标度因子），K 值取决于乘法器的电路参数，其量纲与 X、Y 的电量有关，当 X、Y、Z 均为电压信号时，K 的量纲是 V^{-1}。

2. 模拟乘法器的工作象限

根据乘法运算的代数性质及两个输入信号的极性和幅值，就能确定乘积信号的极性和工作范围。乘法器的两个输入量各有两种极性，从而存在着 4 种极性组合，如图 5-2 所示。由图可见，在 XOY 平面上，模拟乘法器有 4 个可能的工作区域：当 $X>0$ 且 $Y>0$ 时，模拟乘法器工作于第 I 象限；当 $X<0$ 且 $Y>0$ 时，模拟乘法器工作于第 II 象限；当 $X<0$ 且 $Y<0$ 时，模拟乘法器工作于第 III 象限；当 $X>0$ 且 $Y<0$ 时，模拟

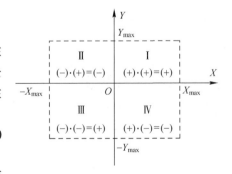

图 5-2 模拟乘法器的工作象限

乘法器工作于第Ⅳ象限。如果模拟乘法器的两个输入量都只取某种极性时才能正常工作，则称之为单象限乘法器；如果模拟乘法器的一个输入量只能有一种极性，而允许另一个输入量可正可负，则称之为二象限乘法器；如果模拟乘法器的两个输入量都可正可负，则称之为四象限乘法器。适当连接或增加一些外接电路，可以将单象限乘法器构成二象限乘法器或四象限乘法器。

3. 模拟乘法器的基本特性

（1）模拟乘法器的传输特性：正如运放有理想运放和实际运放之分，模拟乘法器也有理想模拟乘法器和实际模拟乘法器之分。理想模拟乘法器具有无穷大的输入阻抗及零输出阻抗，其标度因子不随频率变化且与输入量无关。当理想模拟乘法器的任一输入量为零时，其输出量为零。换句话说，它的失调、漂移和噪声均为零。而实际模拟乘法器只是理想模拟乘法器的近似，它有一定的失调、漂移和噪声。在讨论模拟乘法器的传输特性时，首先要考虑理想模拟乘法器的传输特性。

模拟乘法器有两个独立的输入量 X 和 Y，输出量 Z 与 X、Y 之间的关系称为模拟乘法器的输出特性，式（5-1）即表示了 Z 与 X、Y 之间的关系，它可用四象限输出特性和平方律输出特性来描述。

假定两个输入量中的一个为恒定值 E：若 $Y=E$，根据式（5-1）可得：

$$Z = KXE = (KE)X \tag{5-2}$$

若 $X=E$，根据式（5-1）可得：

$$Z = KEY = (KE)Y \tag{5-3}$$

此时，理想模拟乘法器的线性传输特性如图 5-3 所示。由图可见，其传输特性有下列特点：当输入量中有一个为零时，输出量恒为零；当输入量中有一个是非零值时，理想模拟乘法器相当于一个放大倍数 $A=KE$ 的放大器。

当模拟乘法器的两个输入量相等时，其输出为

$$Z = KX^2 = KY^2 \tag{5-4}$$

这时理想模拟乘法器的传输特性曲线为开口向上的平方律抛物线，故称平方律输出特性，如图 5-4 中的实线所示。

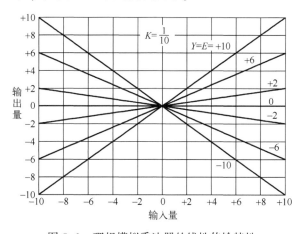

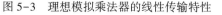

图 5-3 理想模拟乘法器的线性传输特性

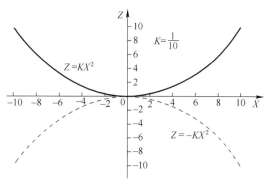

图 5-4 理想模拟乘法器的平方律输出特性

当理想模拟乘法器的两个输入量的幅值相等、极性相反时，其输出量为

$$Z = -KX^2 = -KY^2 \tag{5-5}$$

这时理想模拟乘法器的传输特性为开口向下的平方律抛物线，与两个输入量极性相同的抛物线相切于坐标原点，如图5-4中的虚线所示。由此可知，理想模拟乘法器平方律输出特性是开口方向相反且相切于坐标原点的两条平方律抛物线。

上述传输特性是经常遇到的特殊情况下理想模拟乘法器的传输特性。实际上，理想模拟乘法器的传输特性可由一个三维空间的三维曲面来表示，其面方程为

$$Z = XY \tag{5-6}$$

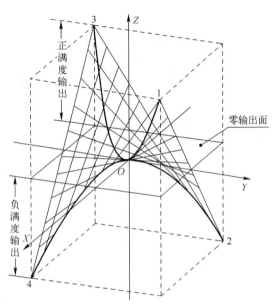

图5-5　理想模拟乘法器的三维空间输出特性

该曲面的形状可按如下特点绘出：沿X轴和Y轴，输出量应为零；若一个输入量恒定，则输出量正比于另一输入量，其斜率取决于恒定的输入量；若两个输入量的绝对值相等（$X = Y$或$X = -Y$），则输出量正比于输入量的平方，由此产生两条相切的抛物线，两条抛物线的开口方向相反，且它们所处的平面正交，所得的面是一个鞍面，如图5-5所示。其中，点1或点3、点2或点4到XY平面的距离分别是正满度和负满度输出。

（2）模拟乘法器的线性和非线性性质：一般来说，模拟乘法器不是线性系统，但在特定的情况下也可将其视为线性系统。例如，模拟乘法器的一个输入量为恒定值（如$X = E$），另一个输入量是非恒定值时，其输出量为$Z = (KE)Y$，相当于一个放大倍数为KE的线性放大器。此时，如果$Y = Y_1 + Y_2$，则

$$Z = KXY = KE(Y_1 + Y_2) = KEY_1 + KEY_2 = Z_1 + Z_2 \tag{5-7}$$

式中，$Z_1 = KEY_1$，$Z_2 = KEY_2$。

无论模拟乘法器工作在非线性状态，还是线性状态，均有一定的线性工作范围。这里所说的"线性工作范围"，是指在这个范围内，乘法器能够实现理想相乘，不失真、不产生误差，对四象限输出特性来说，就是斜率恒定的直线范围。如图5-6所示，$U_Y = 6V$以上部分，U_o与U_Y已不是线性关系，该乘法器的线性工作范围小于6V。也就是在$U_X = E = 10V$、$K = \frac{1}{10}V^{-1}$条件下，当$U_Y < 6V$时，$U_o < U_Y$；当$U_Y > 6V$时，$U_o \neq KEU_Y$，存在误差和失真。

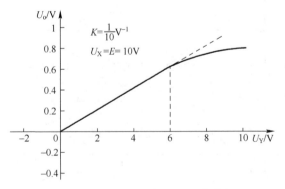

图5-6　模拟乘法器的线性工作范围

4. 模拟乘法器的误差及性能指标

（1）模拟乘法器的误差：在实际应用中，模拟乘法器不可能实现绝对理想的相乘，由于电路中各种因素的影响，实际的模拟乘法器会产生误差。误差越小，模拟乘法器就越接近理想模拟乘法器，精度越高。

（2）模拟乘法器的技术参数：与集成运放一样，为了衡量模拟乘法器的性能好坏，特别设定了模拟乘法器的一些参数指标，见表 5-1。

表 5-1　模拟乘法器的主要参数和典型值

参 数 名 称	典 型 值	测 试 条 件
输入失调电流 I_{IO}	0.2μA	$U_X = U_Y = 0V$
输入偏置电流 I_B	2.0μA	$U_X = U_Y = 0V$
输出不平衡电流 I_{OO}	20μA	$U_X = U_Y = 0V$
输出精度 $\zeta_{RX}\zeta_{RY}$	(1～2)%	$U_X = 10V$、$U_Y = \pm 10V$ 和 $U_Y = 10V$、$U_X = \pm 10V$
-3dB 增益带宽 f_{BW}	3.0MHz	满刻度位置
满功率响应 f_p	700kHz	满刻度位置
上升速度 SR	45V/μs	满刻度位置
输入电阻 r_i	35MΩ	

5.2　实现模拟乘法器的基本方法

模拟乘法运算可以用多种方法来实现，如对数-反对数相乘法、脉冲调制相乘法、四分之一平方相乘法、三角波平均相乘法、时间分割相乘法和变跨导相乘法等。各种乘法器电路各有其优缺点。其中，变跨导模拟乘法器便于集成化，其内部元器件有较一致的特性，具有较高的温度稳定性和运算精确度，且运算速度较高，-3dB 频率可达 10MHz 以上，因此获得了广泛应用。本节主要介绍可变跨导模拟乘法器。

1. 射耦差动放大器

要讨论可变跨导模拟乘法器原理，必须先从 BJT 发射极耦合差动放大电路（简称射耦差动放大器）谈起。典型的射耦差动放大器如图 5-7 所示。它由两个性能完全相同的共发射极电路组成，两个发射极连接在一起。电路中的 VT_1 和 VT_2 的性能参数相同，$R_{C1} = R_{C2} = R_C$，由直流电流源 I_{EE} 提供偏置电流；两个基极为电压输入端；电压输出时从两个集电极到公共端输出或从两个集电极之间输出，电流输出时从集电极直接引出。

当 $U_{id} \leq U_T$、$\alpha \approx 1$ 时，可推得这种射耦差动放大器的输出电压与差模输入电压之间的关系为

$$U_o \approx -\alpha I_{EE} R_C \frac{U_{id}}{2U_T} \approx -G_m R_C U_{id} \tag{5-8}$$

式中：U_o 为输出电压；U_{id} 为差模输入电压；U_T 为温度电压当量，$T=300K$ 时，$U_T \approx 26mV$；G_m 为差动放大器的跨导，$G_m = \dfrac{I_{EE}}{2U_T}$；$I_{EE}$ 为电流源直流电流；α 为晶体管的共基极直流电流分配因数。

2. 二象限变跨导乘法器

利用以上 U_o 与输入电压 U_{id} 和 G_m 的乘积成正比这一特性，若用一路输入 U_X 控制差动放大器的输入电压 U_{id}，用另一路输入 U_Y 控制差模跨导 G_m（通过控制 I_{EE} 来控制 G_m），则差动放大器的输出电压 U_o 就与 U_X、U_Y 的乘积成正比，从而实现了模拟相乘的功能。这种乘法器又称二象限变跨导乘法器，如图 5-8 所示。实现这种乘法器的关键是 G_m 可变，因此称之为可变跨导乘法器。

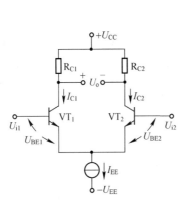

图 5-7 典型的射耦差动放大器

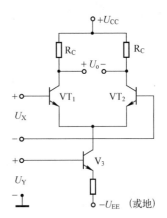

图 5-8 二象限变跨导乘法器

3. 四象限变跨导乘法器

前述单个射耦差动放大器无法实现四象限相乘的关键在于控制跨导 G_m 的电流源 I_{EE} 的输入信号 U_Y 只能是单极性的，为了使 U_Y 可正可负，可用 3 个射耦对交叉连接实现四象限相乘。这种连接称为四象限变跨导乘法器，又称吉尔伯特乘法器，如图 5-9 所示。

四象限变跨导乘法器主电路由 4 个 BJT 管组成，VT_1 和 VT_2、VT_3 和 VT_4 分别为两个射耦差动对，VT_1 与 VT_4 基极相连，作为 U_X 输入端的一相；VT_2 与 VT_3 基极相连，作为 U_X 输入端的另一相。基极相连者集电极不相连，即 VT_1 和 VT_3 的集电极相连作为输出的一端，VT_2 和 VT_4 的集电极相连作为输出的另一端。VT_5 和 VT_6 为又一射耦差动对，VT_5 集电极接 VT_1 和 VT_2 的射耦端，VT_6 集电极接 VT_3 和 VT_4 的射耦端，VT_5 和 VT_6 的基极间则为另一信号 U_Y 的输入端。

当 U_X 和 $U_Y \ll 2U_T$ 时，可推得这种双平衡模拟乘法器电路的输出电压与输入电压之间的关系（一种四象限模拟乘法器）为

$$U_o = -\frac{I_{EE}}{4U_T^2}R_C U_X U_Y = KU_X U_Y \tag{5-9}$$

式中：K 为乘法器的标度因子，$K = -\dfrac{I_{EE}}{4U_T^2}R_C$；$U_o$ 为输出电压；U_X、U_Y 为输入电压；U_T 为温度电压当量，$T = 300K$ 时，$U_T \approx 26mV$；G_m 为差动放大器的跨导，$G_m = \dfrac{I_{EE}}{2U_T}$；$I_{EE}$ 为电流源直流电流；R_C 为 VT_1 和 VT_4 的集电极电阻。

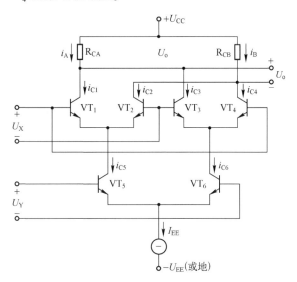

图 5-9　四象限变跨导乘法器

5.3　AD534

目前，以双平衡乘法器为主体的不同型号的单片集成模拟乘法器已发展到第三代。AD534 的核心结构就是线性化双平衡模拟乘法器，它在乘法器之后又增设了具有有源反馈环的放大器，其内部还专门设计了稳定直流偏置电路。AD534 的内部简化原理电路如图 5-10 所示，其中的 $VT_1 \sim VT_{14}$ 组成了线性化双平衡模拟乘法器。

AD534 有 3 种封装形式，分别是 TO-100、TO-116 和 LCC 封装，其引脚图如图 5-11 所示。各引脚功能如下所述。

☺ X_1 和 X_2：差动输入端。

☺ Y_1 和 Y_2：差动输入端。

☺ Z_1 和 Z_2：差动输入端；

☺ SF：标度因子端；

☺ OUT：输出端；

☺ $+V_s$：正电源供电端；

☺ NC：NC 端；

☺ $-V_s$：负电源供电端。

在实际应用时，AD534 有多种连接方式，现列举其中的两种，如图 5-12 所示。其中，图 5-12（a）所示为常规连接方式，Z_2 端接地（$U_{Z2} = 0$），Z_1 端接 OUT 端，此时输入-输出

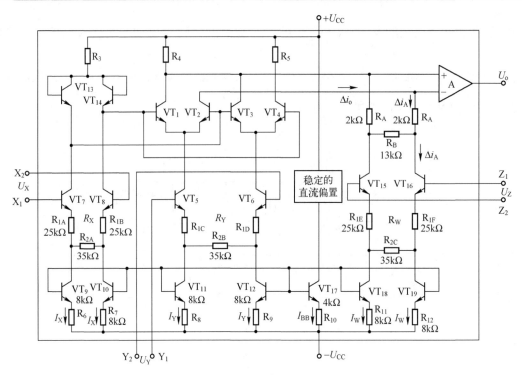

图 5-10   AD534 的内部简化原理电路图

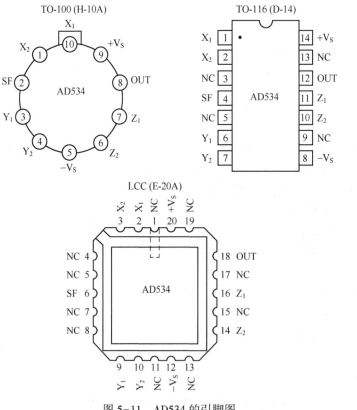

图 5-11   AD534 的引脚图

关系为

$$U_o = KU_X U_Y$$

由此可知，输出电压 U_o 为 U_X、U_Y 的乘积。

图 5-12（b）所示为另一种连接方式：Z_1 端接 OUT 端，Z_2 端连接外加信号 U_{ZW}，此时输入-输出关系为

$$U_o = KU_X U_Y + U_{ZW}$$

即输出电压不仅为 U_X、U_Y 的乘积，还受外加 U_{ZW} 的控制。

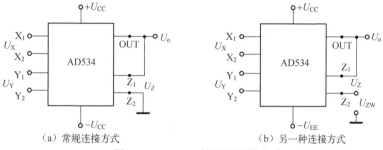

（a）常规连接方式　　（b）另一种连接方式

图 5-12　AD534 的两种连接方式

5.4　AD633

AD633 是一款功能完整的四象限模拟乘法器，包括两个高阻抗差动输入和一个高阻抗求和输入。AD633 采用 8 引脚 DIP 封装和 SO-8 封装。它的电源电压范围为 ±（8 ～ 18）V；内部调整电压由一个齐纳二极管产生；乘法器精度基本上与电源电压不相关。

AD633 的引脚图如图 5-13 所示。各引脚功能如下所述。

☺ X_1 和 X_2：高阻抗差动输入端；

☺ Y_1 和 Y_2：高阻抗差动输入端；

☺ Z：高阻抗求和输入端；

☺ W：输出端，$W = \dfrac{(X_1-X_2)(Y_1-Y_2)}{10V} + Z$；

☺ $+V_s$：正电源供电端；

☺ $-V_s$：负电源供电端。

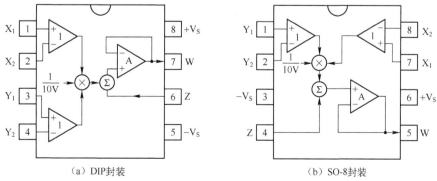

（a）DIP封装　　（b）SO-8封装

图 5-13　AD633 的引脚图

集成模拟乘法器是通用性很强的电子器件。在运算方面，它不仅能完成相乘运算，还可由此派生出相除、乘方、开方等运算功能。

【**例5.1**】采用 AD633 构成的模拟乘法器的仿真电路图如图 5-14 所示。图中：AD633 的电源电压为 ±15V；AD633 的 X1、X2、Y1、Y2、Z 引脚依次接入 −6V、1V、−6V、1V、0V 直流电压；在 W 引脚接虚拟电压表，以观察输出信号。

用 Proteus 软件进行仿真，可以测出该电路的输出电压值，如图 5-14 所示。由图可见，虚拟电压表显示+4.90V。现在计算 W 引脚的理论输出电压值。由 AD633 基本乘法输出计算公式可知，$W=\dfrac{(X_1-X_2)(Y_1-Y_2)}{10\text{ V}}+Z=\dfrac{(-6-1)\times(-6-1)}{10}\text{V}+0=+4.9\text{V}$。可见，实测值和理论计算电压值是完全吻合的。

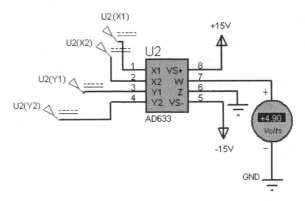

图 5-14　采用 AD633 构成的模拟乘法器的仿真电路图

【**例5.2**】在图 5-14 所示的仿真电路中，将 AD633 的 X1、X2、Y1、Y2、Z 引脚依次接入 6V、1V、6V、1V、0V 直流电压。此时的输出电压是多少？

用 Proteus 软件进行仿真，可以测出该电路的输出电压值，如图 5-15 所示。由图可见，电压表显示+2.51V。现在计算 W 引脚理论输出电压值。由 AD633 基本乘法输出计算公式可知，$W=\dfrac{(X_1-X_2)(Y_1-Y_2)}{10\text{V}}+Z=\dfrac{(6-1)\times(6-1)}{10}\text{V}+0=+2.5\text{V}$。可见，实测值和理论计算电压值是基本吻合的。

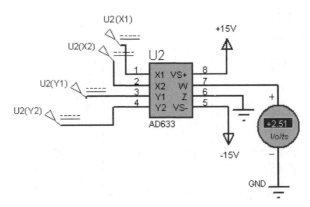

图 5-15　采用 AD633 构成的模拟乘法器的仿真结果

【**例 5.3**】采用 AD633 构成的模拟除法器的仿真电路图如图 5-16 所示。图中：AD633 和运放 AD711 的电源电压均为±15V；E 端和 EX 端分别是被除数和除数电压信号输入端口，在 E 端接-8V 直流电压，EX 端接 8V 直流电压；在 W0 处接虚拟电压表，以观察输出电压信号。

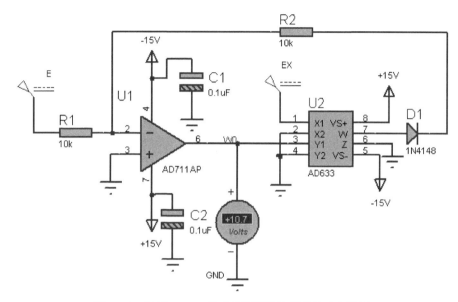

图 5-16　采用 AD633 构成的模拟除法器的仿真电路图

用 Proteus 软件进行仿真，可以测出该电路的输出电压值，如图 5-16 所示。由图可见，电压表显示+10.7V。

现在计算 W0 处的理论输出电压值。已知 AD633 的基本乘法输出计算公式为

$$W=\frac{(X_1-X_2)(Y_1-Y_2)}{10\text{V}}+Z$$

在图 5-16 所示电路中，$X_1=U_{EX}$，$X_2=0$，$Y_1=U_{W0}$，$Y_2=0$，$Z=0$，因此有

$$W=\frac{(X_1-X_2)(Y_1-Y_2)}{10\text{V}}+Z=\frac{U_{EX}U_{W0}}{10\text{V}}$$

由运放的特性可知：

$$\frac{U_E}{R1}=-\frac{W}{R2}=-\frac{U_{EX}U_{W0}}{10\text{V}\times R2}$$

所以

$$U_{W0}=-10\text{V}\times\frac{U_E}{U_{EX}}\times\frac{R2}{R1}$$

在图 5-16 所示电路中，R1=R2=10kΩ，因此：

$$U_{W0}=-10\text{V}\times\frac{U_E}{U_{EX}}$$

将 $U_E=-8$V 和 $U_{EX}=8$V 代入上式，得：

$$U_{W0}=-10\text{V}\times\frac{-8\text{V}}{8\text{V}}=10\text{V}$$

由此可见，采用AD633构成的模拟除法器的实测值与其理论计算值是比较接近的。

【例5.4】 采用AD633构成的求平方电路的仿真电路图如图5-17所示。图中：AD633的电源电压为±15V；AD633的X1引脚和Y1引脚连接在一起，接+11V直流电压；X2引脚和Y2引脚连接在一起，接+1V直流电压；在W处接虚拟电压表，以观察输出电压信号。

用Proteus软件进行仿真，可以测出该电路的输出电压值，如图5-17所示。由图可见，最右侧电压表显示+10.0V。

现在计算W引脚处的理论输出电压值。AD633的基本乘法输出计算公式为 $W = \frac{(X_1-X_2)(Y_1-Y_2)}{10V}+Z$。在图5-17所示电路中，$X_1 = Y_1 = U2(X1)$，$X_2 = Y_2 = U2(X2)$，$Z = 0$，因此有

$$W = \frac{(X_1-X_2)(Y_1-Y_2)}{10V}+Z = \frac{[U2(X1)-U2(X2)][U2(X1)-U2(X2)]}{10V}+0 = \frac{[U2(X1)-U2(X2)]^2}{10V}$$

因 $U2(X1) = 11V$，$U2(X2) = 1V$，所以 $W = \frac{(11V-1V)^2}{10V} = \frac{(10V)^2}{10V} = 10V$。

由此可见，采用AD633构成的求平方电路的输出电压实测值与其理论计算电压值是吻合的。

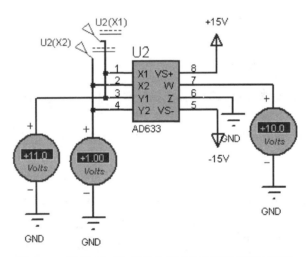

图5-17　采用AD633构成的求平方电路的仿真电路图

【例5.5】 采用AD633构成的电流输出电路的仿真电路图如图5-18所示。图中：AD633的电源电压为±15V；AD633的X1、X2、Y1、Y2引脚依次接入3V、1V、4V、1V直流电压；R1 = 10kΩ，R2 = 1kΩ；用串接在R2上的虚拟电流表测量输出电流信号。

用Proteus软件进行仿真，可以测出该电路的输出电流值，如图5-18所示。由图可见，电流表显示+0.06mA。

现在计算 I_{RL} 的理论值。已知AD633的基本乘法输出计算公式为

$$W = \frac{(X_1-X_2)(Y_1-Y_2)}{10V}+Z$$

在图5-18所示电路中，$X_1 = U2(X1)$，$X_2 = U2(X2)$，$Y_1 = U2(Y1)$，$Y_2 = U2(Y2)$，$Z = I_{RL} \times R2$，因此流出W引脚的电流为

$$I_{\mathrm{W}}=\frac{W-Z}{R1}=\frac{\left[\,\mathrm{U2(X1)}-\mathrm{U2(X2)}\,\right]\left[\,\mathrm{U2(Y1)}-\mathrm{U2(Y2)}\,\right]}{10\mathrm{V}}\times\frac{1}{R1}$$

因为 Z 引脚是高阻抗求和输入引脚，所以流入 Z 引脚的电流 $I_{\mathrm{Z}}\approx0$。由于 $I_{\mathrm{W}}=I_{\mathrm{Z}}+I_{\mathrm{RL}}$，所以：

$$I_{\mathrm{RL}}\approx I_{\mathrm{W}}=\frac{W-Z}{R1}=\frac{\left[\,\mathrm{U2(X1)}-\mathrm{U2(X2)}\,\right]\left[\,\mathrm{U2(Y1)}-\mathrm{U2(Y2)}\,\right]}{10\mathrm{V}}\times\frac{1}{R1}$$

由上式可知，I_{RL} 与负载电阻的大小无关，图 5-18 所示的电流输出电路相当于电流源。将 $\mathrm{U2(X1)}=3\mathrm{V}$、$\mathrm{U2(X2)}=1\mathrm{V}$、$\mathrm{U2(Y1)}=4\mathrm{V}$、$\mathrm{U2(Y2)}=1\mathrm{V}$ 和 $R1=10\mathrm{k}\Omega$ 代入上式，得：

$$I_{\mathrm{RL}}=\frac{(3\mathrm{V}-1\mathrm{V})(4\mathrm{V}-1\mathrm{V})}{10\mathrm{V}}\times\frac{1}{10\mathrm{k}\Omega}=0.06\mathrm{mA}$$

由此可见，采用 AD633 构成的电流输出电路的输出电流实测值与其理论计算值是吻合的。

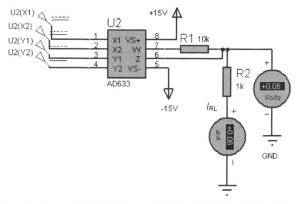

图 5-18　采用 AD633 构成的电流输出电路的仿真电路图

【例 5.6】采用 AD633 构成的标度变换电路的仿真电路图如图 5-19 所示。图中：AD633 的电源电压为 ±15V；AD633 的 X1、X2、Y1、Y2 引脚依次接入 2V、1V、11V、1V 直流电压；$R1=10\mathrm{k}\Omega$，$R2=20\mathrm{k}\Omega$；用接在 W 引脚处的虚拟电压表测量输出电压。

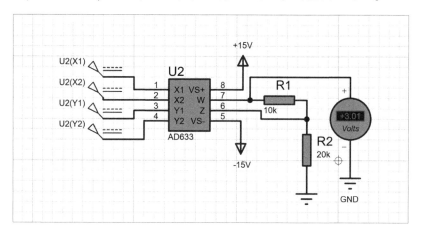

图 5-19　采用 AD633 构成的标度变换电路的仿真电路图

用 Proteus 软件进行仿真，可以测出该电路的输出电压值，如图 5-19 所示。由图可见，电压表显示 +3.01V。

已知 U2(X1)= 2V、U2(X2)= 1V、U2(Y1)= 11V、U2(Y2)= 1V，现在计算该电路的理论输出电压值。AD633 的基本乘法输出计算公式为

$$W=\frac{(X_1-X_2)(Y_1-Y_2)}{10V}+Z$$

因为 $Z=\dfrac{R2}{R1+R2}W=\dfrac{20k\Omega}{10k\Omega+20k\Omega}W=\dfrac{2}{3}W$，所以

$$W=3\times\frac{(X_1-X_2)(Y_1-Y_2)}{10V}$$

如果从 Y1 端和 Y2 端差动输入的 10V 直流电压固定不变，上式即可简化为

$$W=3\times(X_1-X_2)$$

此时，图 5-19 所示电路实现的功能就是将从 X1 端和 X2 端输入的差动电压信号放大 3 倍：当 $X_1-X_2=1V$ 时，$W=3\times1V=3V$；当 $X_1-X_2=2V$ 时，$W=3\times2V=6V$。

为验证上述结论，在图 5-19 所示电路中设置 U2(X1)= 5V、U2(X2)= 3V，其他参数保持不变，再用 Proteus 软件进行仿真，可以看到该电路的输出电压值变为+6.02V，如图 5-20 所示。

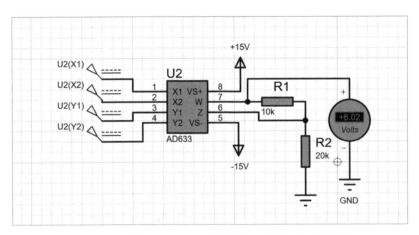

图 5-20　采用 AD633 构成的标度变换电路的仿真结果

由此可见，采用 AD633 构成的标度变换电路的输出电压实测值与其理论计算值是吻合的。

【例 5.7】采用 AD633 构成的开平方电路的仿真电路图如图 5-21 所示。图中：AD633 和 AD711 的电源电压均为±15V；E 端是被开方数电压信号输入口，在 E 端接-4V 直流电压；在 W0 处接虚拟电压表，以观察输出电压。

用 Proteus 软件进行仿真，可以测出该电路的输出电压值，如图 5-21 所示。由图可见，电压表显示+6.73V。

现在计算 W0 处的理论输出电压值。已知 AD633 的基本乘法输出计算公式为

$$W=\frac{(X_1-X_2)(Y_1-Y_2)}{10V}+Z$$

在图 5-21 所示电路中，$X_1=Y_1=U_{W0}$，$X_2=Y_2=0$，$Z=0$，因此有

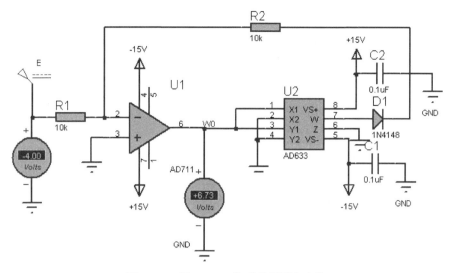

图 5-21　用 AD633J 构成的开平方电路

$$W = \frac{(X_1 - X_2)(Y_1 - Y_2)}{10V} + Z = \frac{U_{W0}^2}{10V}$$

由运放的特性可知：

$$\frac{U_E}{R1} = -\frac{W}{R2} = -\frac{U_{W0}^2}{10V \times R2}$$

因为 R1＝R2，所以

$$U_{W0}^2 = -10V \times U_E$$

$$U_{W0} = \sqrt{(-10V) \times U_E}$$

将 U_E＝-4V 代入上式，得：

$$U_{W0} = \sqrt{(-10V) \times (-4V)} \approx 6.32V$$

由此可见，采用 AD633 构成的开平方电路的实测值与其理论计算值之间有一定的误差。

5.5　AD734

AD734 是一款高精度、高速的四象限模拟乘法器/除法器，其传递函数为 $W = XY/U$。AD734 采用 14 引脚 LDIP 封装，其引脚图如图 5-21 所示。各引脚功能如下所述。

☺ X_1 和 X_2：差动输入端；
☺ Y_1 和 Y_2：差动输入端；
☺ Z_1 和 Z_2：差动输入端；
☺ U_0、U_1、U_2：分母电压控制端；
☺ W：输出端；
☺ VP：正电源供电端；
☺ DD：电压控制使能端；
☺ ER：参考电压输入端；
☺ VN：负电源供电端。

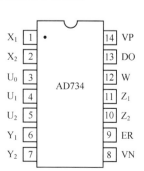

图 5-22　AD734 的引脚图

【**例 5.8**】采用 AD734 构成的乘法电路的仿真电路图如图 5-23 所示。图中：AD734 的电源电压为±15V；AD734 的 X1、X2、Y1、Y2 引脚依次接入 5V、1V、5V、1V 直流电压；在 W 引脚处接虚拟电压表，以观察输出信号。

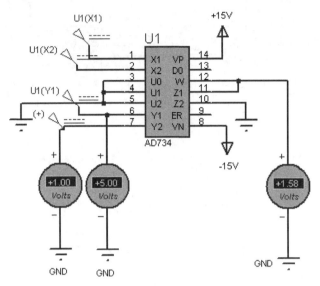

图 5-23 采用 AD734 构成的乘法电路的仿真电路图（1）

用 Proteus 软件进行仿真，可以测出该电路的输出电压值，如图 5-23 所示。由图可见，最右侧的电压表显示+1.58V。现在计算 W 引脚处的理论输出电压值。该乘法电路的计算公式为

$$W = \frac{(X_1 - X_2)(Y_1 - Y_2)}{10V} + Z_2$$

将相关参数代入上式，得：

$$W = \frac{(5V - 1V) \times (5V - 1V)}{10V} + 0V = +1.6V$$

由此可知，图 5-23 所示电路的实测输出电压值与其理论计算电压值是比较吻合的。

【**例 5.9**】采用 AD734 构成的乘法电路的仿真电路图如图 5-24 所示。图中：AD734 的电源电压为±15V；AD734 的 X1、X2、Y1、Y2、Z2 引脚依次接入−5V、1V、−5V、1V、1V 直流电压；在 W 引脚处接虚拟电压表，以观察输出信号。

用 Proteus 软件进行仿真，可以测出该电路的输出电压值，如图 5-24 所示。由图可见，最右侧的电压表显示+4.57V。现在计算 W 引脚处的理论输出电压值。该乘法电路的计算公式为

$$W = \frac{(X_1 - X_2)(Y_1 - Y_2)}{10V} + Z_2$$

将相关参数代入上式，得：

$$W = \frac{(-5V - 1V) \times (-5V - 1V)}{10} + 1V = +4.6V$$

由此可知，图 5-24 所示电路的实测输出电压值与其理论计算电压值之间的误差不大。

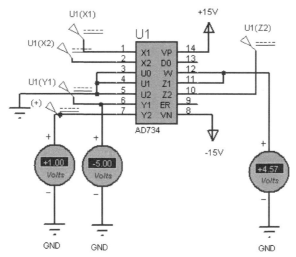

图 5-24　采用 AD734 构成的乘法电路的仿真电路图（2）

【例 5.10】采用 AD734 构成的开平方电路的仿真电路图如图 5-25 所示。图中：AD734 的电源电压为±15V；从 s 端输入 2V 直流电压；从 Z2 引脚输入 10V 直流电压；在 W 引脚处接虚拟电压表，以观察输出信号。

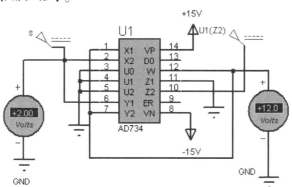

图 5-25　采用 AD734 构成的开平方电路的仿真电路图

用 Proteus 软件进行仿真，可以测出该电路的输出电压值，如图 5-25 所示。由图可见，右侧的电压表显示+12.0V。现在计算 W 引脚处的理论输出电压值。该开平方电路的计算公式为

$$W = \sqrt{10V(Z_2 - Z_1)} + s$$

将相关参数代入上式，得：

$$W = \sqrt{10V(10V - 0V)} + 2V = +12.0V$$

由此可知，图 5-25 所示电路的实测输出电压值与其理论计算电压值吻合。

【例 5.11】采用 AD734 构成的除法电路的仿真电路图如图 5-26 所示。图中：AD734 的电源电压为±15V；X1 引脚和 X2 引脚分别接 6V 和 1V 直流电压；Y1 引脚接 1V 直流电压；Z2 引脚接 5V 直流电压；在 W 引脚处接虚拟电压表，以观察输出信号。

用 Proteus 软件进行仿真，可以测出该电路的输出电压值，如图 5-26 所示。由图可见，右侧的电压表显示+11.0V。现在计算 W 引脚处的理论输出电压值。该除法电路的计算公式为

$$W = \frac{10V(Z_2 - Z_1)}{X_1 - X_2} + Y_1$$

将相关参数代入上式，得：

$$W = \frac{10V \times (5V - 0V)}{6V - 1V} + 1V = +11.0V$$

由此可知，图 5-26 所示电路的实测输出电压值与其理论计算电压值吻合。

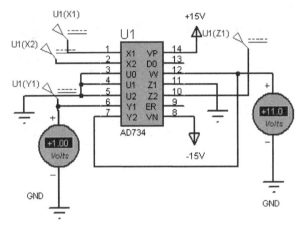

图 5-26　采用 AD734 构成的除法电路的仿真电路图

【例 5.12】采用 AD734 构成的三变量乘/除法电路的仿真电路图如图 5-27 所示。图中：AD712 和 AD734 的电源电压均为 ±15V；AD734 的 X1 引脚、X2 引脚、Y1 引脚、Y2 引脚、Z2 引脚依次接 5V、1V、5V、1V、0V 直流电压，U2 引脚接 1V 直流电压；AD712 的第 3 脚接 3V 直流电压；在 W 引脚处接虚拟电压表，以观察输出信号。

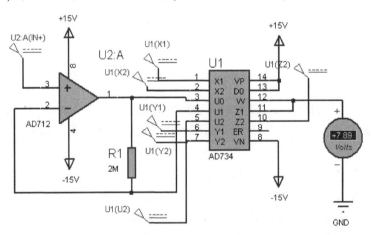

图 5-27　采用 AD734 构成的三变量乘/除法电路的仿真电路图

用 Proteus 软件进行仿真，可以测出该电路的输出电压值，如图 5-27 所示。由图可见，电压表显示 +7.89V。现在计算 W 引脚处的理论输出电压值。该三变量乘/除法电路的计算公式为

$$W = \frac{(X_1 - X_2)(Y_1 - Y_2)}{U_1 - U_2} + Z_2$$

将相关参数代入上式，得：

$$W = \frac{(5V - 1V) \times (5V - 1V)}{3V - 1V} + 0V = +8.0V$$

由此可知，图 5-27 所示电路的实测输出电压值与其理论计算电压值之间有一定误差。

【例 5.13】 采用 AD734 构成的电流输出电路的仿真电路图如图 5-28 所示。图中：AD734 的电源电压为 ±15V；AD734 的 U0 引脚、U1 引脚、U2 引脚接地；AD734 的 X1 引脚、X2 引脚、Y1 引脚、Y2 引脚依次接 6V、1V、6V、1V 直流电压；RS = 10kΩ，R2 = 1kΩ；在 Z2 引脚处接虚拟电压表，并经 R2 接电流表，以观察输出信号。

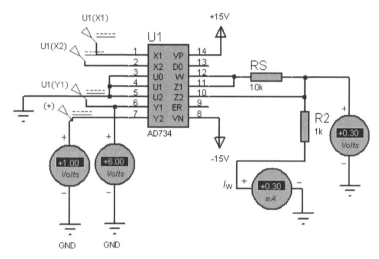

图 5-28　采用 AD734 构成的电流输出电路的仿真电路图

用 Proteus 软件进行仿真，可以测出该电路的输出电流值，如图 5-28 所示。由图可见，电流表显示 +0.30mA。现在计算流过 R2 的理论输出电流值。该电流输出电路的计算公式为

$$I_w = \frac{(X_1 - X_2)(Y_1 - Y_2)}{10V}\left(\frac{1}{RS} + \frac{1}{50k\Omega}\right)$$

将相关参数代入上式，得：

$$I_w = \frac{(6V - 1V) \times (6V - 1V)}{10V}\left(\frac{1}{10k\Omega} + \frac{1}{50k\Omega}\right)mA = +0.30mA$$

由此可知，图 5-28 所示电路的实测输出电流值和理论计算电流值是一致的。

【例 5.14】 采用 AD734 构成的两象限除法电路的仿真电路图如图 5-29 所示。图中：AD712 和 AD734 的电源电压均为 ±15V；AD734 的 X1 引脚、X2 引脚、U2 引脚、Z2 引脚依次接 3V、1V、1V、1V 直流电压；U2:A 的第 3 脚接 5V 直流电压；在 W 引脚处接虚拟电压表，以观察输出信号。

用 Proteus 软件进行仿真，可以测出该电路的输出电压值，如图 5-29 所示。由图可见，电压表显示 +6.00V。现在计算 W 引脚处的理论输出电压值。该两象限除法电路的计算公式为

$$W = \frac{(X_1 - X_2) \times 10V}{U_1 - U_2} + Z_2$$

将相关参数代入上式，得：

$$W = \frac{(3V-1V)\times 10V}{5V-1V} + 1V = +6V$$

由此可知，图5-29所示电路的实测输出电压值与其理论计算电压值完全吻合。

　　该电路为两象限除法电路，对除法中的除数符号有所限制，即除数只能是正数，否则就不能得到正确的结果。

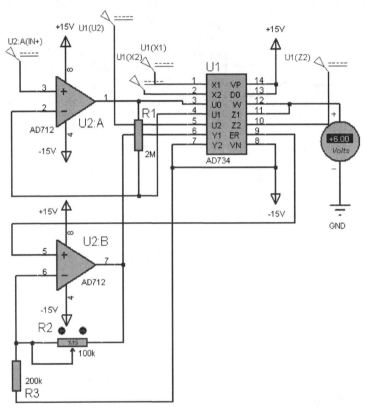

图5-29　用AD734构成的两象限除法电路的仿真电路图

　　模拟乘法器是对两个模拟信号（电压或电流）实现相乘运算的有源非线性器件，其主要功能是实现两个互不相关信号相乘，即输出信号与两个输入信号的乘积成正比。

　　除了实现乘法运算，利用模拟乘法器还可实现除法、乘方、开平方等运算功能。

第6章 电压比较器

电压比较器也是一种常用的模拟信号处理电路，它将输入电压与参考电压进行比较，并将比较的结果输出。比较器的输出只有两种可能的状态：高电平和低电平（或称"1"和"0"）。

比较器输入的是连续变化的模拟量，而输出的是数字量"1"和"0"，因此可以认为比较器是模拟电路与数字电路之间的"接口"，也可以把比较器称为模拟电路与数字电路之间"沟通的桥梁"。

我们知道，A/D 转换器可将模拟量转换为数字量，电压比较器相当于 1 位的 A/D 转换器。电压比较器常用于自动控制、波形变换、模/数转换、越限报警等场合。

电压比较器可以由集成运放搭建而成，也有现成的集成电压比较器。

当输入电压变化到某值时，比较器的输出电压由一种状态转换为另一种状态，此时相应的输入电压通常称为阈值电压或门限电平，用符号 U_T 表示。

根据比较器的阈值电压和传输特性，可将电压比较器分成 3 类，分别是单限比较器、迟滞比较器和窗口比较器。而单限比较器又可分为过零比较器和一般单限比较器。

只有一个阈值电压的比较器称为单限比较器，如果该阈值电压值是 0V，那就是过零比较器。

有两个阈值电压的比较器称为窗口比较器，当输入电压向单方向变化时，输出电压跃变两次。

具有迟滞特性的比较器称为迟滞比较器，又称施密特触发器。迟滞比较器电路也有两个阈值电压，但输入电压 U_i 从小变大过程中使输出电压 U_o 产生跃变的阈值电压 U_{T1}，不等于 U_i 从大变小过程中使输出电压 U_o 产生跃变的阈值电压 U_{T2}，电路具有迟滞特性。它与单限比较器的相同之处在于，输入电压向单一方向变化时，输出电压只跃变一次。

6.1 电压比较器的分类

6.1.1 单限比较器

单限比较器又可分为过零比较器和一般单限比较器。

1. 过零比较器

只有一个阈值电压的比较器称为单限比较器，而阈值电压为 0V 的比较器称为过零比较器。由此可知，过零比较器是单限比较器的特例（阈值电压为 0V 的）。

（1）简单过零比较器：当 $U_T = 0$ 时，输入电压 u_i 与零电平比较，称为过零比较器，其

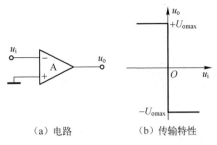

（a）电路　　　（b）传输特性

图 6-1　过零比较器

电路和传输特性如图 6-1 所示。图中，集成运放工作在开环状态，当 $u_i < 0$ 时，$u_o = +U_{omax}$；当 $u_i > 0$ 时，$u_o = -U_{omax}$。其中，U_{omax} 是集成运放的最大输出电压。这种过零比较器电路简单，输出电压幅值较高，$u_o = \pm U_{omax}$。有时要将比较器的输出电压限制在一定的范围内，这就需要加上限幅的措施。

（2）利用稳压管限幅的过零比较器：如图 6-2 所示，假设两个背靠背的稳压管中一个被反向击穿，而另一个正向导通，则两个稳压管两端总的稳定电压均为 U_z，而且 $U_{omax} > U_z$。在图 6-2（a）中，当 $u_i < 0$ 时，$u_o' = +U_{omax}$，下面的稳压管被反向击穿，$u_o = +U_z$；当 $u_i > 0$ 时，$u_o' = -U_{omax}$，上面的稳压管被反向击穿，$u_o = -U_z$。该比较器的传输特性如图 6-2（b）所示。这种比较器因为加上了限幅的措施，所以输出电压的幅值 U_z 比 U_{omax} 低得多。

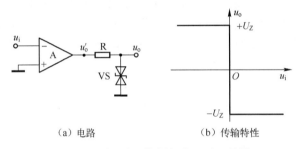

（a）电路　　　　　　　（b）传输特性

图 6-2　利用稳压管限幅的过零比较器

2. 一般单限比较器

图 6-3（a）所示为一般单限比较器电路，U_{REF} 为外加参考电压，根据叠加原理，可求出阈值电压

$$U_T = -\frac{R_2}{R_1} U_{REF} \tag{6-1}$$

当 $u_i < U_T$ 时，$u_o = +U_z$；当 $u_i > U_T$ 时，$u_o = -U_z$。

由式（6-1）可知，只要改变参考电压 U_{REF} 的大小和极性，以及 R_1 和 R_2 的电阻值，就可以改变阈值电压的大小和极性。一般单限比较器的传输特性如图 6-3（b）所示。

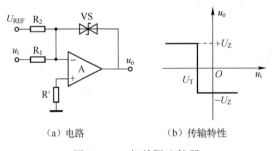

（a）电路　　　　　　　（b）传输特性

图 6-3　一般单限比较器

6.1.2　迟滞比较器

单限比较器具有电路简单、灵敏度高等优点，但存在的主要问题是抗干扰能力差。如果输入电压受到干扰或噪声的影响，则输出电压有可能在高、低两个电压之间反复地跳变，如图 6-4 所示。

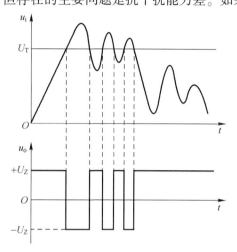

图 6-4　存在干扰时单限比较器的 u_i、u_o 波形

1. 反相输入迟滞比较器

为了克服单限比较器抗干扰能力差的缺点，可以采用具有迟滞特性的比较器，即迟滞比较器（又称施密特触发器）。根据信号由反相端输入还是同相端输入，又可将其分为反相输入迟滞比较器和同相输入迟滞比较器。

反相输入迟滞比较器电路如图 6-5（a）所示。输入电压 u_i 经 R_1 加在集成运放的反相输入端；参考电压 U_{REF} 经 R_2 接在同相输入端；输出电压 u_o 从输出端通过 R_F 引回同相输入端；R 和背对背稳压管 VS 的作用是限幅，将输出电压的幅值限制为 U_Z。

这种比较器的输出电压 u_o 有两种可能的状态：$+U_Z$ 和 $-U_Z$。在这种电路中，使 u_o 由 $+U_Z$ 跳变到 $-U_Z$ 和由 $-U_Z$ 跳变到 $+U_Z$ 所需的输入电压值是不同的。也就是说，这种比较器有两个不同的阈值电压，故其传输特性具有迟滞性，如图 6-5（b）所示。

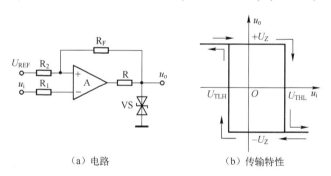

（a）电路　　　　　　　　（b）传输特性

图 6-5　反相输入迟滞比较器

若原来 $u_o = +U_Z$，当 u_i 逐渐增大时，使 u_o 从 $+U_Z$ 跳变为 $-U_Z$ 所需的阈值电压用 U_{THL} 表示，则

$$U_{THL} = \frac{R_F}{R_2 + R_F} U_{REF} + \frac{R_2}{R_2 + R_F} U_Z \tag{6-2}$$

若原来 $u_o = -U_Z$，当 u_i 逐渐减小时，使 u_o 从 $-U_Z$ 跳变为 $+U_Z$ 所需的阈值电压用 U_{TLH} 表示，则

$$U_{TLH} = \frac{R_F}{R_2 + R_F} U_{REF} - \frac{R_2}{R_2 + R_F} U_Z \tag{6-3}$$

上述两个阈值电压之差称为阈值宽度或回差，用符号 ΔU_T 表示：

$$\Delta U_{\mathrm{T}} = U_{\mathrm{THL}} - U_{\mathrm{TLH}} = \frac{2R_2}{R_2 + R_{\mathrm{F}}} U_{\mathrm{Z}} \tag{6-4}$$

由式（6-4）可知，ΔU_{T} 的值取决于 U_{Z}、R_2 和 R_{F} 的值，而与 U_{REF} 无关。改变 U_{REF} 的大小可以同时调节 U_{THL} 和 U_{TLH} 的大小，但两者之差 ΔU_{T} 不变。

2. 同相输入迟滞比较器

同相输入迟滞比较器电路如图 6-6（a）所示，其传输特性如图 6-6（b）所示。输入电压加在同相输入端，同时接有正反馈电路，反相输入端接有参考电压 U_{REF}。可推得上阈值电压 U_{TLH} 为

$$U_{\mathrm{TLH}} = \frac{R_2 + R_{\mathrm{F}}}{R_{\mathrm{F}}} U_{\mathrm{R}} - \frac{R_2}{R_{\mathrm{F}}} U_{\mathrm{oL}} \tag{6-5}$$

下阈值电压 U_{THL} 为

$$U_{\mathrm{THL}} = \frac{R_2 + R_{\mathrm{F}}}{R_{\mathrm{F}}} U_{\mathrm{R}} - \frac{R_2}{R_{\mathrm{F}}} U_{\mathrm{oH}} \tag{6-6}$$

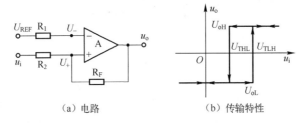

（a）电路　　　　　　　　（b）传输特性

图 6-6　同相输入迟滞比较器

上述两个阈值电压之差称为阈值宽度或回差，用符号 ΔU_{T} 表示：

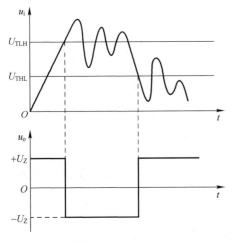

图 6-7　存在干扰时迟滞比较器的 u_{i}、u_{o} 波形

$$\Delta U_{\mathrm{T}} = \frac{R_2}{R_{\mathrm{F}}} (U_{\mathrm{oH}} - U_{\mathrm{oL}}) \tag{6-7}$$

同相输入迟滞比较器和反相输入迟滞比较器一样，改变 U_{REF} 的大小可以同时调节 U_{THL} 和 U_{TLH} 的大小，但两者之差 ΔU_{T} 不变。

迟滞比较器可以用于产生矩形波、三角波和锯齿波等各种非正弦波信号。用于测量、控制系统时，迟滞比较器的优点是抗干扰能力强。当输入信号受到干扰或噪声的影响而上下波动时，只要根据干扰或噪声电平适当调整迟滞比较器两个阈值电压的值，就可以避免比较器的输出电压在高、低电压之间反复跳变，如图 6-7 所示。

6.1.3　窗口比较器

在实际工作中，有时需要检测输入模拟信号的电平是否处在两个给定电压之间，此时要求比较器有两个阈值电压，这种比较器称为窗口比较器或双限比较器。

窗口比较器电路如图 6-8 （a）所示。由图可见，电路中有两个集成运放 A_1 和 A_2，输入电压信号 u_i 各通过一个电阻器分别接到 A_1 的同相输入端和 A_2 的反相输入端，两个参考电压 U_{REF1} 和 U_{REF2} 分别加在 A_1 的反相输入端和 A_2 的同相输入端。其中，$U_{REF1} > U_{REF2}$，A_1 和 A_2 的输出端各自连接一个二极管，二极管的另一端连接在一起作为窗口比较器的输出端。

如果 $u_i < U_{REF2}$（更满足 $u_i < U_{REF1}$），则 A_1 输出低电平、A_2 输出高电平，VD_1 截止、VD_2 导通，输出电压 u_o 是高电平。

如果 $u_i > U_{REF1}$（更满足 $u_i > U_{REF2}$），则 A_1 输出高电平、A_2 输出低电平，VD_1 导通、VD_2 截止，输出电压 u_o 也是高电平。

只有当 $U_{REF2} < u_i < U_{REF1}$ 时，A_1 和 A_2 才均输出低电平，VD_1 和 VD_2 均截止，输出电压 u_o 为低电平。

窗口比较器的传输特性如图 6-8 （b）所示。

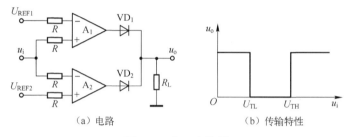

（a）电路　　　　　　　　（b）传输特性

图 6-8　窗口比较器

由图 6-8 （b）可见，这种比较器有两个阈值电压：上阈值电压 U_{TH} 和下阈值电压 U_{TL}。在图 6-8 （a）所示电路中，$U_{TH} = U_{REF1}$，$U_{TL} = U_{REF2}$。该电路产生了一个窗口范围，它用低电平（逻辑 0）输出来表明输入信号落在 U_{TL} 和 U_{TH} 所设定的范围内；当 $u_i < U_{TL}$ 或 $u_i > U_{TH}$ 时，输出高电平（逻辑 1），说明输入信号落在 U_{TL} 和 U_{TH} 所设定的范围之外。所以窗口比较器广泛用于分选和自动控制系统中。

6.2　电压比较器的应用

6.2.1　单限比较器

1. 过零比较器

【例 6.1】 图 6-9 所示为简单过零比较器的仿真电路图。图中：所用集成运放是 LM324，其电源电压为 ±12V；LM324 的同相输入端接地，反相输入端接输入信号 in1；输出端接一个虚拟电压表，用来测量电压。

给 in1 处送 +1V 直流电压，用 Proteus 软件进行仿真，可以测出该电路的输出电压，如图 6-9 所示。由图可见，虚拟电压表显示 −11.5V。给 in1 处送 −1V 直流电压，再次进行仿真，可以看到虚拟电压表显示 +11.5V，如图 6-10 所示。这表明，当输入电压小于 0 时，输出电压为 $+U_{omax}$；当输入电压大于 0 时，输出电压为 $-U_{omax}$。其中，U_{omax} 是集成运放的最大输出电压。本例中，$U_{omax} = 11.5V$。

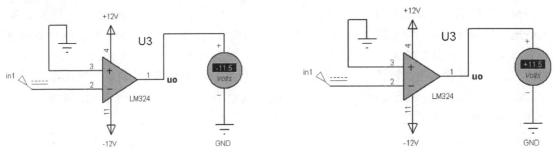

图 6-9　简单过零比较器的仿真电路图　　　　　图 6-10　简单过零比较器的仿真结果

【例 6.2】 利用稳压管限幅的过零比较器的仿真电路图如图 6-11 所示。图中：所用集成运放是 LM324，其电源电压为 ±12V；LM324 的同相输入端接地，反相输入端接输入信号 in1；输出端先串接一个限流电阻器 R1，再接两个背靠背的稳压管 D1 和 D2 到地；虚拟电压表与稳压管并联，用来测量输出电压。

给 in1 处送+1V 直流电压，用 Proteus 软件进行仿真，可以测出该电路的输出电压，如图 6-11 所示。由图可见，虚拟电压表显示−5.28V。给 in1 处送−1V 直流电压，再次进行仿真，可以看到虚拟电压表显示+5.28V，如图 6-12 所示。这表明，对于这种利用稳压管限幅的过零比较器，当输入电压小于 0 时，$u_O = +U_Z$；当输入电压大于 0 时，$u_O = -U_Z$。本例中，$U_Z = 5.28V$。

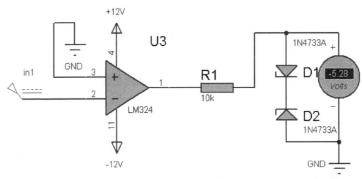

图 6-11　利用稳压管限幅的过零比较器的仿真电路图

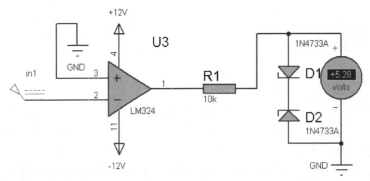

图 6-12　利用稳压管限幅的过零比较器的仿真结果

2. 一般单限比较器

【例 6.3】 图 6-13 所示为一般单限比较器的仿真电路图。图中：所用的集成运放是

OP07，其电源电压为±12V；OP07 的反相输入端接地，同相输入端接两路信号，一路是参考电压信号 VREF，另一路是输入电压信号 UI，这两路分别串接 R1 和 R2；OP07 的输出端先串接一个限流电阻器 R3，再接两个背靠背的稳压管 D1 和 D2 到地；在 OUT 处观察输出信号。

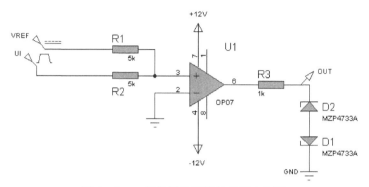

图 6-13　一般单限比较器的仿真电路图

给 VREF 处送+1V 直流电压，给 UI 处送一个在-5V 与+5V 之间变化的脉冲电压信号，用 Proteus 软件进行仿真，可以绘出该电路的输入-输出电压关系图，如图 6-14 所示。图中：UI 是在-5V 与+5V 之间变化的脉冲电压信号，准确地说是一种梯形波形；OUT 是一种逻辑电平信号，不是高电平就是低电平。逻辑电平从高到低或从低到高取决于输入电压的高低。可以发现，图中以-1V 为界，凡是输入电压高于-1V 的，输出为高电平，否则便是低电平。也就是说，-1V 是阈值电压。

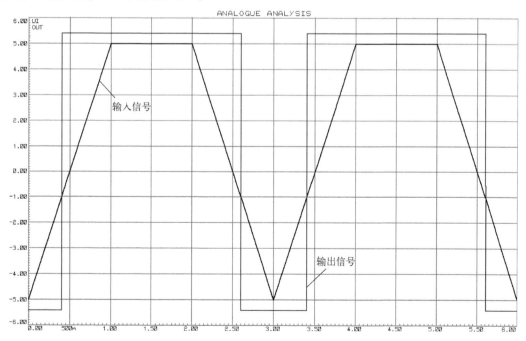

图 6-14　一般单限比较器的输入-输出电压关系图

现在计算理论阈值电压：将 $R_1=R_2=5\text{k}\Omega$、$U_{\text{REF}}=1\text{V}$ 代入式（6-1），得 $U_{\text{T}}=-\dfrac{5}{5}\times 1\text{V}=-1\text{V}$。可见，实测阈值电压和理论计算阈值电压是一致的。

一般单限比较器经常用在液位或物位的测量中，根据实际阈值电压推算出 R_1、R_2 和 U_{REF} 的取值，当输入电压超过或低于阈值电压时给出报警信号，并让执行机构做出相应的调整。

6.2.2 迟滞比较器

1. 反相输入迟滞比较器

【例6.4】图6-15所示为反相输入迟滞比较器的仿真电路图。图中：所用集成运放是OP07，其电源电压为±12V；OP07的反相输入端通过R1接输入电压信号UI，同相输入端通过R2接参考电压信号UREF；输出端先串接一个限流电阻器R3，再接两个背靠背的稳压管D1和D2到地，在OUT处观察输出信号；在OUT处与OP07的同相输入端之间接RF；R1＝10kΩ，R2＝25kΩ，R3＝800Ω，RF＝50kΩ。

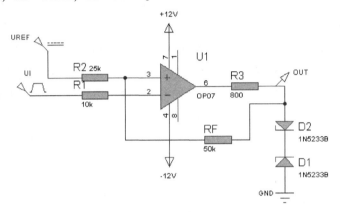

图6-15 反相输入迟滞比较器的仿真电路图

给UREF处送-1V直流电压信号，给UI处送一个在-5V与+5V之间变化的脉冲电压信号，用Proteus软件进行仿真，可以绘出该电路的输入-输出电压关系图，如图6-16所示。

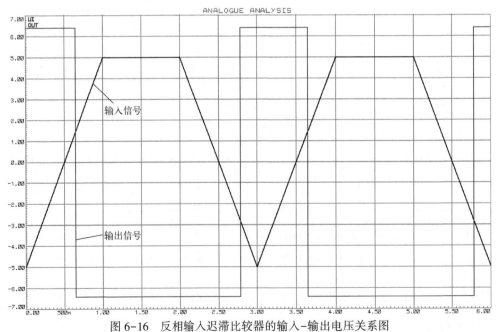

图6-16 反相输入迟滞比较器的输入-输出电压关系图

图中，输入信号 UI 是在 −5V 与 +5V 之间变化的脉冲电压信号，是一种梯形波形；输出信号 OUT 是一种逻辑电平信号，不是高电平就是低电平。逻辑电平从高到低或从低到高取决于输入电压的高低。由图可见，在 UI 的上升沿以 +1.5V 为界，凡是 UI 高于 +1.5V 的，OUT 为低电平，否则 OUT 便是高电平；在下降沿以 −2.8V 为界，凡是 UI 低于 −2.8V 的，OUT 为高电平，否则 OUT 为低电平。也就是说，上升沿的阈值电压 $U_{THL} = +1.5V$，下降沿的阈值电压 $U_{TLH} = −2.8V$，回差 $\Delta U_T = U_{THL} − U_{TLH} = +4.3V$。

现在计算理论阈值电压 U_{THL}、U_{TLH} 和回差 ΔU_T。将 $R_2 = 25k\Omega$、$R_F = 50k\Omega$、$U_Z = 6.5V$ 和 $U_{REF} = −1V$ 代入式（6-2）～式（6-4），得：

$$U_{THL} = \frac{R_F}{R_2 + R_F} U_{REF} + \frac{R_2}{R_2 + R_F} U_Z = \frac{50}{75} \times (−1V) + \frac{25}{75} \times 6.5V = 1.5V$$

$$U_{TLH} = \frac{R_F}{R_2 + R_F} U_{REF} − \frac{R_2}{R_2 + R_F} U_Z = \frac{50}{75} \times (−1V) − \frac{25}{75} \times 6.5V \approx −2.8V$$

$$\Delta U_T = U_{THL} − U_{TLH} = \frac{2R_2}{R_2 + R_F} U_Z \approx +4.3V$$

由此可见，反相输入迟滞比较器的 U_{THL}、U_{TLH}、ΔU_T 的理论计算值与其实测结果是比较吻合的。

改变给 UREF 处送的直流电压值，重新进行仿真，发现 U_{THL}、U_{TLH} 会改变，但 ΔU_T 不变。而要改变 ΔU_T，就必须改变 R2、RF 和 U_Z 的值。

2. 同相输入迟滞比较器

【例 6.5】图 6-17 所示为同相输入迟滞比较器的仿真电路图。图中：所用集成运放是 OP07，其电源电压为 ±12V；OP07 的反相输入端通过 R1 接参考电压信号 UREF，同相输入端通过 R2 接输入电压信号 UI；输出端先串接一个限流电阻器 R3，再接两个背靠背的稳压管 D1 和 D2 到地，在 uo 处观察输出信号；在 uo 处与 OP07 的同相输入端之间接 RF；R1 = 10kΩ，R2 = 25kΩ，R3 = 800Ω，RF = 50kΩ。

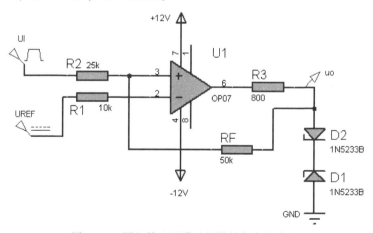

图 6-17　同相输入迟滞比较器的仿真电路图

给 UREF 处送 −1V 直流电压，给 UI 处送一个在 −5V 与 +5V 之间变化的脉冲电压信号，用 Proteus 软件进行仿真，可以绘出该电路的输入-输出电压关系图，如图 6-18 所示。图中，输入信号 UI 是在 −5V 和 +5V 之间变化的脉冲电压信号，是一种梯形波形；输出信号 uo

是一种逻辑电平信号，不是高电平就是低电平。逻辑电平从高到低或从低到高取决于输入电压的高低。由图可见：在 UI 的上升沿以+1.8V 为界，凡是 UI 高于+1.8V 的，uo 为高电平，否则 uo 便是低电平；在下降沿以−4.8V 为界，凡是 UI 低于−4.8V 的，uo 为低电平。也就是说，上升沿的阈值电压 $U_{TLH} \approx +1.8V$，下降沿的阈值电压 $U_{THL} \approx -4.8V$，回差 $\Delta U_T = U_{TLH} - U_{THL} = +6.6V$。

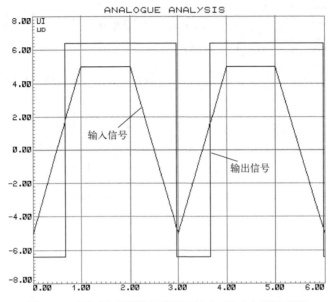

图 6-18   同相输入迟滞比较器的输入-输出电压关系图

现在计算理论阈值电压 U_{TLH}、U_{THL} 和回差 ΔU_T。将 $R_2 = 25k\Omega$、$R_F = 50k\Omega$、$U_{OH} = 6.5V$、$U_{OL} = -6.5V$ 和 $U_{REF} = -1V$ 代入式（6-5）～式（6-7），得：

$$U_{TLH} = \left(1 + \frac{R_2}{R_F}\right) U_{REF} - \frac{R_2}{R_F} U_{OL} = \left(1 + \frac{25}{50}\right) \times (-1V) - \frac{25}{50} \times (-6.5V) = 1.75V$$

$$U_{THL} = \left(1 + \frac{R_2}{R_F}\right) U_{REF} - \frac{R_2}{R_F} U_{OH} = \left(1 + \frac{25}{50}\right) \times (-1V) - \frac{25}{50} \times 6.5V = -4.75V$$

$$\Delta U_T = \frac{R_2}{R_F}(U_{OH} - U_{OL}) = \frac{25}{50}(6.5 - (-6.5))V = +6.5V$$

由此可见，同相输入迟滞比较器的 U_{TLH}、U_{THL}、ΔU_T 的理论计算值与其实测结果是比较吻合的。

6.2.3　窗口比较器

【例 6.6】窗口比较器的仿真电路图如图 6-19 所示。图中：两个集成运放 U1 和 U2 使用 LM358，其电源电压为±12V；U1 的反相输入端接外接参考电压 URH，U2 的同相输入端接外接参考电压 URL，URH>URL；U1 的同相输入端和 U2 的反相输入端连接在一起接输入信号 UI；U1 和 U2 的输出端分别正向串接二极管 D4 和 D3，D4 和 D3 的另一端连在一起与限流电阻器 R3 相连，然后接一个二极管 D1 和一个稳压管 D2 到地；R4 是负载电阻；虚拟电压表用来测量 D3 与 D4 相连处的电压；在 out 处接一个 LED，用来测量电路的逻辑电平。

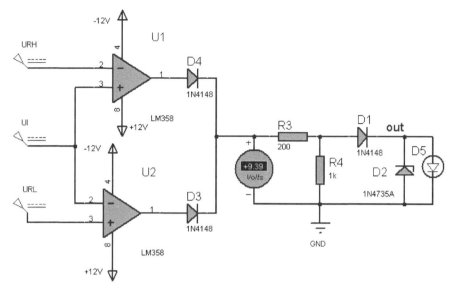

图 6-19　窗口比较器的仿真电路图

给 URH 处送+8V 直流电压，给 URL 处送+2V 直流电压，给 UI 处送+9V 直流电压，用 Proteus 软件进行仿真，可以测出该电路的输出电压，如图 6-19 所示。由图可见，虚拟电压表显示+9.39V，out 处接的 LED 点亮。这表明，当输入电压 UI 在两个参考电压 URH 和 URL 范围之外（即 UI>URH 或 UI<URL）时，窗口比较器的输出为高电平（只有高电平才能点亮 LED）。

URH 处和 URL 处所送电压不变，给 UI 处送+5V 直流电压，用 Proteus 软件再次进行仿真，可以测出该电路的输出电压，如图 6-20 所示。由图可见，虚拟电压表显示 0.00V，out 处接的 LED 不亮。这表明，当输入电压 UI 在两个参考电压 URH 和 URL 范围之内（即 URH>UI>URL）时，窗口比较器的输出为低电平（低电平不能点亮 LED）。

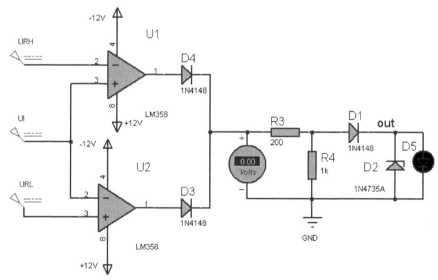

图 6-20　窗口比较器的仿真结果

6.3　集成电压比较器

专用的集成电压比较器比起由集成运放搭成的电压比较器有以下特点。

☺ 集成电压比较器一般无须外接元器件，其输出电平即可直接与 TTL 数字电路相配合。

☺ 与同价格的集成运放相比，集成电压比较器的响应速度更快。由于它不用于放大，为了提高响应速度，其输入级工作电流比集成运放的大，输入电压也有可能比集成运放的大。

☺ 有的集成电压比较器具有选通端。

☺ 由于集成电压比较器主要用于电压比较而不是放大，因此它的开环电压放大倍数不太高，共模抑制比也不太高，输入失调电压、输入失调电流及其漂移均较大，不适用于放大。

☺ 集成电压比较器价格低廉。

6.3.1　LM139/LM239/LM339

LM139/LM239/LM339 是一系列集成电压比较器，其引脚图如图 6-21 所示。

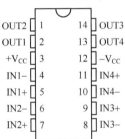

图 6-21　LM139/LM239/LM339 的引脚图

LM139/LM239/LM339 的特点是：内部有 4 个独立的电压比较器，工作电源电压范围宽，单电源、双电源均可工作（单电源：2 ~ 36V，双电源：±(1 ~ 18)V）；消耗电流小，$I_{CC} = 1.3\text{mA}$；输入失调电压小，$U_{IO} = \pm 2\text{mV}$；共模输入电压范围宽，$U_{IC} = 0 \sim (U_{CC} - 1.5)\text{V}$；输出与 TTL、DTL、MOS、CMOS 等兼容；输出可以用开路集电极连接"或"门。

LM139 的用途广泛，可用其构成单限比较器、迟滞比较器、窗口比较器等。

LM139/LM239/LM339 类似于增益不可调的运放。每个独立的比较器都有两个输入端和一个输出端。两个输入端中，一个称为同相输入端（用"+"表示），另一个称为反相输入端（用"－"表示）。用于比较两个电压时，在任意一个输入端上加一个固定电压作为参考电压（也称阈值电压），在另一个输入端上加一个待比较的电压信号。当"+"端电压高于"－"端时，输出管截止，相当于输出端开路；当"－"端电压高于"+"端时，输出管饱和，相当于输出端接低电位。当两个输入端电压差大于 10mV 时，就能确保输出能从一种状态可靠地转换到另一种状态。因此，把 LM139/LM239/LM339 用在弱信号检测等场合是比较理想的。LM139/LM239/LM339 的输出端相当于一个不接集电极电阻的三极管，在使用时输出端到正电源一般需接一个上拉电阻（3 ~ 15kΩ）。选择不同电阻值的上拉电阻会影响输出端高电位的值。因为当输出三极管截止时，它的集电极电压基本上取决于上拉电阻与负载的值。另外，各比较器的输出端允许连接在一起使用。

LM139、LM239 和 LM339 的区别是其对环境温度的适应性不同，LM139 的工作温度范围是-55 ~ +125℃，LM239 的工作温度范围是 -40 ~ +105℃，LM339 的工作温度范围是 0 ~ +70℃。

【**例 6.7**】采用 LM139 构成的单限比较器的仿真电路图如图 6-22 所示。图中：LM139 用单电源供电方式，其电源电压为+5V；LM139 的同相输入端经过 R2 接输入信号 UI，输出端接两个背靠背的稳压管 D1 和 D2 到地；在 OUT 处观察输出信号。

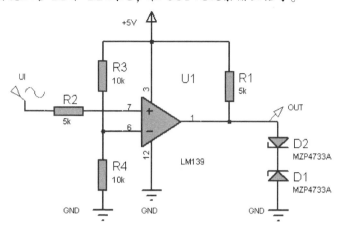

图 6-22 采用 LM139 构成的单限比较器的仿真电路图

给 UI 处送幅值为 2V 并被抬高 2V 的交流电压（信号没有负值），用 Proteus 软件进行仿真，可以绘出该电路的输入-输出电压关系图，如图 6-23 所示。图中：输入信号 UI 是在 0V 和+4V 之间变化的交流电压信号；输出信号是一个矩形波。由图可见，不管输入信号在上升沿还是下降沿，均以+2.5V 为界，凡是输入信号高于+2.5V 的，输出为高电平，否则便是低电平。也就是说，该电路的阈值电压为+2.5V。

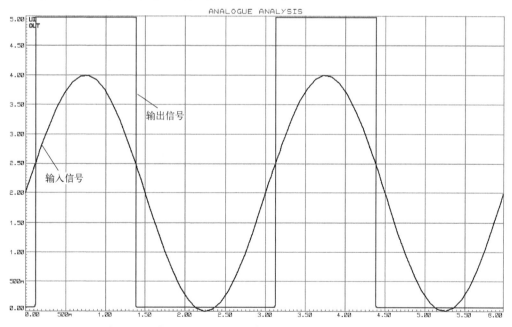

图 6-23 采用 LM139 构成的单限比较器的输入-输出关系图

现在计算图中 LM139 的反相输入端的电压。根据串联电阻的分压定律，反相输入端的电压值应为 $\dfrac{R_4}{R_3+R_4}U_{CC}=\dfrac{10}{20}\times 5V=+2.5V$。可见，理论计算的阈值电压和实测结果是完全吻合的。

【例 6.8】 采用 LM139 构成的反相过零比较器的仿真电路图如图 6-24 所示。图中：LM139 采用双电源供电方式，其电源电压为 ±12V；LM139 的同相输入端接地，反相输入端接输入信号；R2 为上拉电阻，R2＝1kΩ；输出端接两个背靠背的稳压管 D1 和 D2 到地，在 OUT 处观察输出信号。

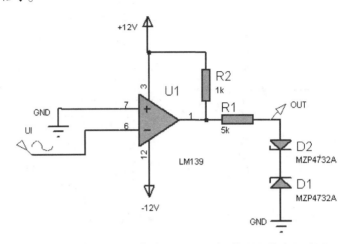

图 6-24　采用 LM139 构成的反相过零比较器的仿真电路图

给 UI 处送幅值为 3V 的交流电压，用 Proteus 软件进行仿真，可以绘出该电路的输入-输出电压关系图，如图 6-25 所示。图中：输入信号是在 -3V 与 +3V 之间变化的交流电压信号；输出信号是一种矩形波。由图可见：当输入电压为正时，输出为低电平；当输入电压为负时，输出为高电平。

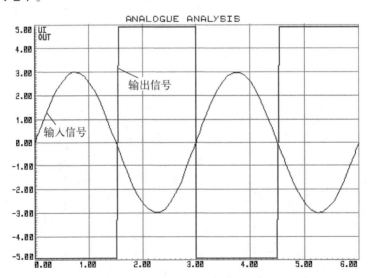

图 6-25　采用 LM139 构成的反相过零比较器的输入-输出电压关系图

【例 6.9】 采用 LM139 构成的反相输入迟滞比较器的仿真电路图如图 6-26 所示。图中：LM139 采用单电源供电方式，其电源电压为 +5V；LM139 的同相输入端经过 R2 接 +1V 参考电压，反相输入端经过 R3 接输入信号 UI，输出端接上拉电阻 R1；R1＝1 kΩ，R2＝R3＝5kΩ，R4＝10kΩ；输出端接两个背靠背的稳压管 D1 和 D2 到地，在 OUT 处观察输出信号。

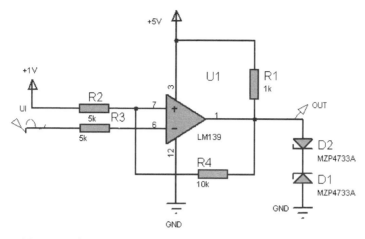

图 6-26　采用 LM139 构成的反相输入迟滞比较器的仿真电路图

给 UI 处送幅值为 2V 并被抬高 2V 的交流电压（信号没有负值），用 Proteus 软件进行仿真，可以绘出该电路的输入-输出电压关系图，如图 6-27 所示。图中：输入信号是在 0V 与 +4V 之间变化的交流电压信号；输出信号是一种矩形波。由图可见：输入电压信号的上升沿约以 +2.25V 为界，凡是输入电压高于 +2.25V 的，输出为低电平，否则输出便是高电平；输入电压信号的下降沿约以 +0.75V 为界，凡是输入电压低于 +0.75V 的，输出为高电平，否则输出便是低电平。也就是说，$U_{THL} = +2.25V$，$U_{TLH} = +0.75V$，$\Delta U_T = U_{THL} - U_{TLH} = +1.5V$。

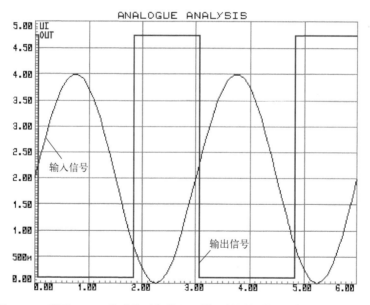

图 6-27　采用 LM139 构成的反相输入迟滞比较器的输入-输出电压关系图

【例 6.10】采用 LM139 构成的窗口比较器的仿真电路图如图 6-28 所示。图中：LM139 采用双电源供电方式，其电源电压为 ±12V；U1 的反相输入端经过 R1 接参考电压 UR1，U1：A 的同相输入端经过 R2 接参考电压 UR2；U1 的同相输入端和 U1：A 的反相输入端连接后作为信号输入端 Uin；R1 = R2 = 10kΩ，R3 = 1kΩ；U1 和 U1：A 的输出端接到一起后接虚拟电压表，以观察输出信号。

给 UR1 处加+1V 直流电压，给 UR2 处加+8V 直流电压，给 Uin 处加+5V 直流电压，用 Proteus 软件进行仿真，可以测出该电路的输出电压，如图 6-28 所示。由图可见，虚拟电压表显示+12.0V。

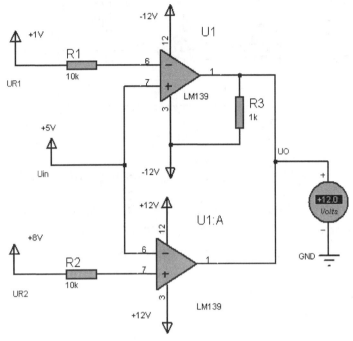

图 6-28　采用 LM139 构成的窗口比较器的仿真电路图

若保持 UR1 处和 UR2 处所加电压信号不变，给 Uin 处加+10V 直流电压，再次用 Proteus 软件进行仿真，虚拟电压表显示-11.9V，如图 6-29 所示。

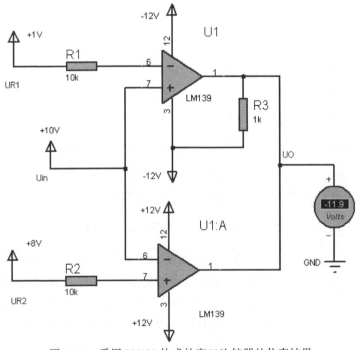

图 6-29　采用 LM139 构成的窗口比较器的仿真结果

由此可见，当输入电压在两个参考电压之间时，输出为高电平；当输入电压在参考电压范围以外时，输出为低电平。这符合窗口比较器的输入-输出特性。

6.3.2　MAX912/MAX913

MAX912/MAX913 是一种单/双电源供电、低功耗、超快、精密 TTL 电压比较器，电源电压为+5V 或±5V。MAX912 和 MAX913 的不同之处是：MAX912 是双路的，而 MAX913 是单路的。MAX913 的引脚图如图 6-30 所示。

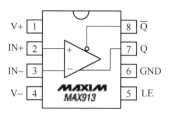

图 6-30　MAX913 的引脚图

【例 6.11】采用 MAX913 构成的单限比较器的仿真电路图如图 6-31 所示。图中：MAX913 的电源电压为±5V；MAX913 的同相输入端经过 R2 接输入信号 UI，反相输入端经过 R1 接参考电压 UREF；在 MAX913 的第 7 脚（Q）和第 8 脚（$\overline{Q}$）上观察输出信号。

给 UI 处送 9V 直流电压，给 UREF 处送 3V 直流电压，用 Proteus 软件进行仿真，可以测出该电路的输出电压，如图 6-31 所示。由图可见，接在第 7 脚上的虚拟电压表显示+5.00V，接在第 8 脚上的虚拟电压表显示+0.00V。

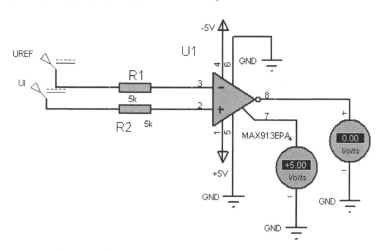

图 6-31　采用 MAX913 构成的单限比较器的仿真电路图

给 UI 处送 1V 直流电压，给 UREF 处仍送 3V 直流电压，重新进行仿真，则接在第 7 脚上的虚拟电压表显示+0.00V，接在第 8 脚上的虚拟电压表显示+5.00V，如图 6-32 所示。这说明，当输入电压大于参考电压时，MAX913 的 Q = 1，$\overline{Q}$ = 0；当输入电压小于参考电压时，MAX913 的 Q = 0，$\overline{Q}$ = 1。

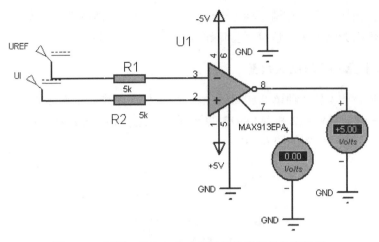

图 6-32　采用 MAX913 构成的单限比较器的仿真结果

6.3.3　MAX921/MAX922/MAX923/MAX924

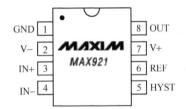

图 6-33　MAX921 的引脚图

MAX921/MAX922/MAX923/MAX924 是一种集成超低功耗电压比较器，既可采用 ±（1.25～5.5）V 双电源供电方式，又可采用 +（2.5～11）V 单电源供电方式。MAX921 是单通道比较器，MAX922 和 MAX923 是双通道比较器，MAX924 是四通道比较器。MAX921 的引脚图如图 6-33 所示。

【例 6.12】采用 MAX921 构成的电压比较器的仿真电路图如图 6-34 所示。图中：MAX921 的电源电压为 ±5V；MAX921 的同相输入端经过 R1 接输入信号 URH，反相输入端接在 R4 与 R5 之间；MAX921 的输出端一面经 R2 接 +12V，另一面接两个背靠背的稳压管 D1 和 D2 到地；在 MAX921 的第 8 脚处观察输出信号。

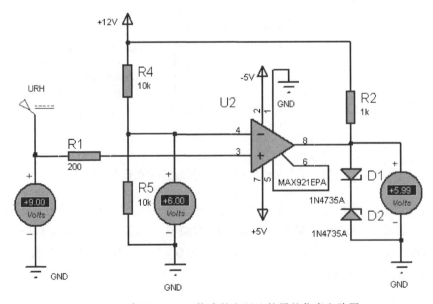

图 6-34　采用 MAX921 构成的电压比较器的仿真电路图

给 URH 处送+9V 直流电压，用 Proteus 软件进行仿真，可以测出该电路的输出电压，如图 6-34 所示。由图可见，MAX921 的输出电压为+5.99V。

给 URH 处送+3V 直流电压，重新进行仿真，可以测出该电路的输出电压，如图 6-35 所示。由图可见，MAX921 的输出电压为+0.00V。

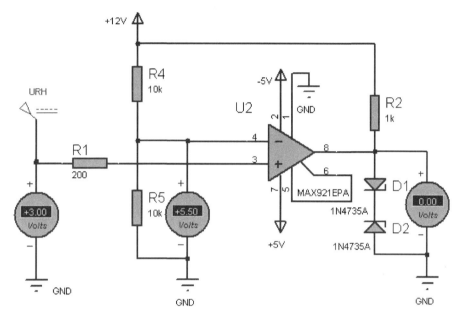

图 6-35　采用 MAX921 构成的电压比较器的仿真结果

6.3.4　MAX9201/MAX9202/MAX9203

MAX9201/MAX9202/MAX9203 是一种低成本、低功耗的集成电压比较器，既可采用±5V 双电源供电方式，也可采用+(5～10)V 单电源供电方式。MAX9201 是四通道电压比较器，MAX9202 是双通道电压比较器，MAX9203 是单通道电压比较器。MAX9203 的引脚图如图 6-36 所示。

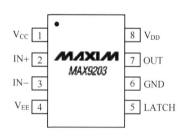

图 6-36　MAX9203 的引脚图

【例 6.13】 采用 MAX9203 构成的电压比较器的仿真电路图如图 6-37 所示。图中：MAX9203 的电源电压为±5V；MAX9203 的同相输入端经过 R1 接输入信号 URH，反相输入端接在 R4 与 R5 之间；MAX9203 的输出端一面经 R2 接+12V，另一面接两个背靠背的稳压管 D1 和 D2 到地；在 MAX9203 的第 7 脚处观察输出信号。

给 URH 处送+9V 直流电压，用 Proteus 软件进行仿真，可以测出该电路的输出电压，如图 6-37 所示。由图可见，MAX9203 的输出电压为+5.03V。

给 URH 处送+1V 直流电压，重新进行仿真，可以测出该电路的输出电压，如图 6-38 所示。由图可见，MAX9203 的输出电压为+0.20V。

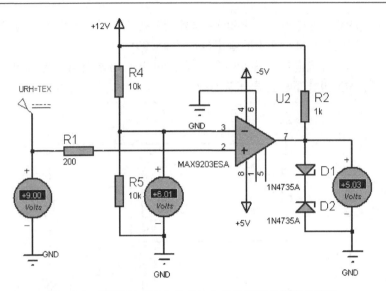

图 6-37　采用 MAX9203 构成的电压比较器的仿真电路图

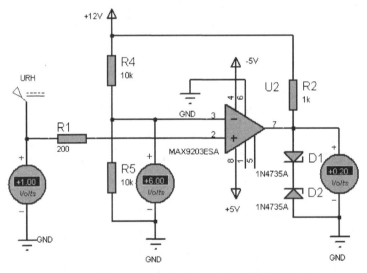

图 6-38　采用 MAX9203 构成的电压比较器的仿真结果

6.3.5　MAX907/MAX908/MAX909

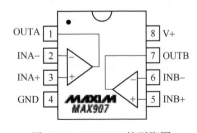

图 6-39　MAX907 的引脚图

MAX907/MAX908/MAX909 是一种高速、超低功耗的集成电压比较器。其中：MAX907 是双通道电压比较器，电源电压为+5V；MAX908 是四通道电压比较器，电源电压为+5V；MAX909 是单通道电压比较器，电源电压为±5V。MAX907 的引脚图如图 6-39 所示。

【例 6.14】采用 MAX907 构成的单限比较器的仿真电路图如图 6-40 所示。图中：MAX907 的电源电压为+5V；MAX907 的同相输入端经过 R1 接输入信号 UI，反相输入端经过 R2 接参考电压 VREF，输出端接两个背靠背的稳压管 D1 和 D2 到地；在 MAX907 的第 1 脚处观察输出信号。

给 UI 处送 4V 直流电压，给 VREF 处送 3V 直流电压，用 Proteus 软件进行仿真，可以测出该电路的输出电压，如图 6-40 所示。由图可见，虚拟电压表显示+4.93V。

给 UI 处送 2V 直流电压，给 VREF 处仍送 3V 直流电压，重新进行仿真，虚拟电压表显示+0.01V。

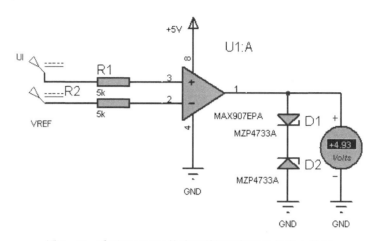

图 6-40　采用 MAX907 构成的单限比较器的仿真电路图

6.3.6　LM193/LM293/LM393/LM2903

MAX193/MAX293/MAX393/MAX2903 是一种低功耗的双电压比较器，既可采用±(1～18)V 双电源供电方式，也可采用+(2～36)V 单电源供电方式。其中，MAX193 的工作温度范围是−55～+125℃，MAX293 的工作温度范围是−25～+85℃，MAX393 的工作温度范围是 0～+70℃，MAX2903 的工作温度范围是−40～+125℃。MAX193/MAX293/MAX393/MAX2903 的引脚图如图 6-41 所示。

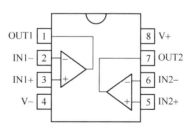

图 6-41　LM193/LM293/LM393/LM2903 的引脚图

【例 6.15】采用 LM193 构成的电压比较器的仿真电路图如图 6-42 所示。图中：LM193 的电源电压为+5V；LM193 的同相输入端经过 R3 接输入信号 in1，反相输入端经过 R4 接输入信号 in2；LM193 的输出端经过 R2 接+5V，并和 CMOS 与非门 CD4011 的一个输入端连接；CD4011 的另一个输入端接+5V；在 CD4011 的输出引脚 OUT 处测量输出电压。

给 in1 处送 5V 直流电压，给 in2 处送 6V 直流电压，用 Proteus 软件进行仿真，可以测出该电路的输出电压，如图 6-42 所示。由图可见，LM193 的输出电压为+0.02V，CD4011 的输出电压为+5.00V。

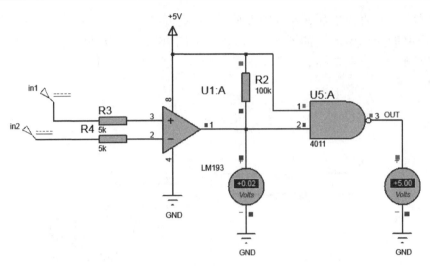

图 6-42　采用 LM193 构成的电压比较器的仿真电路图

给 in1 处仍送 5V 直流电压，给 in2 处送 4V 直流电压，重新进行仿真，可以测出该电路的输出电压，如图 6-43 所示。由图可见，LM193 的输出电压为+5.00V，CD4011 的输出电压为+0.00V。

这表明：当 in2 处的电压高于 in1 处的电压时，LM193 输出低电平，CD4011 则输出高电平；当 in2 处的电压低于 in1 处的电压时，LM193 输出高电平，而 CD4011 则输出低电平。

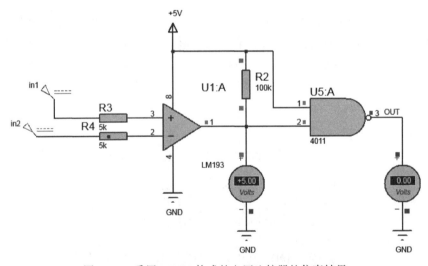

图 6-43　采用 LM193 构成的电压比较器的仿真结果

【例 6.16】采用 LM193 构成的同相过零比较器的仿真电路图如图 6-44 所示。图中：LM193 的电源电压为±12V；LM193 的反相输入端接地，同相输入端接输入信号 UI，输出端接两个背靠背的稳压管 D1 和 D2 到地；在 OUT 处观察输出信号。

给 UI 处送幅值为 3V 的交流电压，用 Proteus 软件进行仿真，可以绘出该电路的输入-输出电压关系图，如图 6-45 所示。由图可见，输入信号是在-3V 和+3V 之间变化的交流电压信号，输出信号是一种矩形波。当输入电压为正时，输出为高电平；当输入电压为负时，输出为低电平。

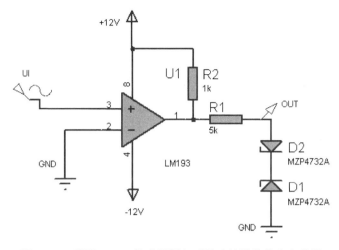

图 6-44　采用 LM193 构成的同相过零比较器的仿真电路图

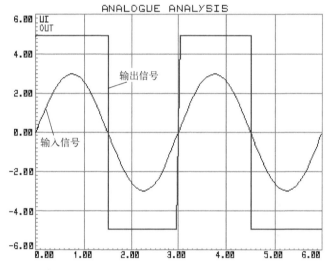

图 6-45　采用 LM193 构成的同相过零比较器的输入-输出电压关系图

6.3.7　LM111/LM211/LM311

LM111/LM211/LM311 是一种常用的集成电压比较器，其输出与 RTL、DTL、TTL 和 CMOS 兼容，不仅广泛用于报警、比较和整形等电路中，还可用于驱动指示灯和继电器。LM111/LM211/LM311 既可采用双电源供电方式，也可采用单电源供电方式。其中，LM111 的工作温度范围是 $-55 \sim +125$℃，LM211 的工作温度范围是 $-25 \sim +85$℃，LM311 的工作温度范围是 $0 \sim +70$℃。LM111/LM211/LM311 的引脚图如图 6-46 所示。

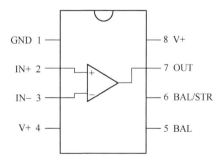

图 6-46　LM111/LM211/LM311 的引脚图

【例 6.17】采用 LM111 构成的单限比较器的仿真电路图如图 6-47 所示。图中：LM111

采用双电源供电方式，其电源电压为±12V；LM111 的同相输入端经过 R2 接输入信号 UI，反相输入端接在 R3 与 R4 之间；LM111 的输出端接两个背靠背的稳压管 D1 和 D2 到地，在 OUT 处观察输出信号。

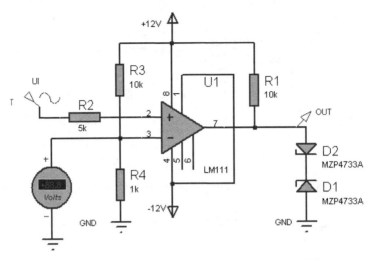

图 6-47　采用 LM111 构成的单限比较器的仿真电路图

给 UI 处送幅值为 5V 的交流电压，用 Proteus 软件进行仿真，可以绘出该电路的输入-输出电压关系图，如图 6-48 所示。由图可见，输入信号是在-5V 和+5V 之间变化的交流电压信号，输出信号是一种矩形波。输入电压信号以+1.1V 为界，当输入电压高于+1.1V 时，输出为高电平；当输入电压低于+1.1V 时，输出为低电平。也就是说，该电路的阈值电压为+1.1V。

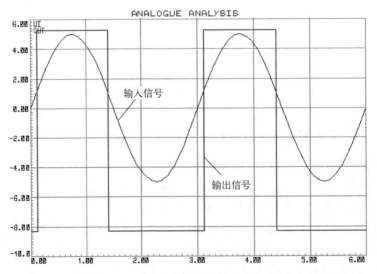

图 6-48　采用 LM111 构成的单限比较器的输入-输出电压关系图

现在计算图中反相输入端的电压值。根据欧姆定律，该电压值应为 $\dfrac{R_4}{R_3+R_4}U_{CC}=\dfrac{1}{11}\times 12V$ ≈+1.1V。可见，理论计算的阈值电压与其实测数值是吻合的。

6.3.8　TLC372

TLC372 是一种集成的双路差动电压比较器，具有较宽的电源电压范围，其引脚图如图 6-49 所示。

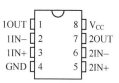

图 6-49　TLC372 的引脚图

【例 6.18】采用 TLC372 构成的同相过零比较器的仿真电路图如图 6-50 所示。图中：TLC372 采用双电源供电方式，其电源电压为 ±12V；TLC372 的反相输入端接地，同相输入端接输入信号 UI；在 OUT 处观察输出信号。

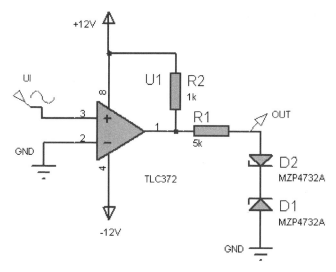

图 6-50　采用 TLC372 构成的同相过零比较器的仿真电路图

给 UI 处送幅值为 ±5V 的交流电压，用 Proteus 软件进行仿真，可以绘出该电路的输入-输出电压关系图，如图 6-51 所示。由图可见，输入信号是在 -5V 和 +5V 之间变化的交流电压信号，输出信号是一种矩形波。当输入电压为正时，输出为高电平；当输入电压为负时，输出为低电平。也就是说，该电路的阈值电压为 0V。

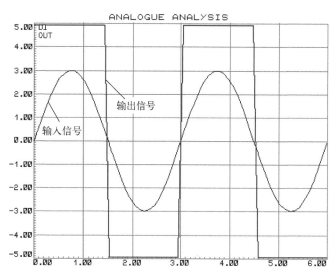

图 6-51　采用 TLC372 构成的同相过零比较器的输入-输出电压关系图

这表明，采用 TLC372 构成的同相过零比较器能将输入的交流电压信号变换为同频率、同相的矩形波信号。

（1）电压比较器的作用是将模拟输入电压与参考电压进行比较，并将比较的结果以数字量的形式输出。由于比较器的输出只有两种可能的状态——高电平和低电平（或称"1"和"0"），所以，可以认为电压比较器是模拟电路与数字电路之间的"接口"或"桥梁"。

（2）按电压比较器的阈值电压和传输特性来分类，常用的电压比较器共分3类：单限比较器、迟滞比较器和窗口比较器。而单限比较器又可分为过零比较器和一般单限比较器。

（3）电压比较器可以由集成运放搭成，也有现成的集成电压比较器。

（4）专用的集成电压比较器的优点：一般无须外接元器件，其输出电平就可以直接与 TTL 电路相配合；与同价格的集成运放相比，其响应速度更快；价格低廉。

（5）电压比较器广泛应用于自动控制和测量系统中，以实现越限报警、模/数转换，以及诸如矩形波、锯齿波等各种非正弦波的产生和变换等。

第7章 集成稳压电源电路的应用

电源是各种电子设备不可或缺的组成部分，其性能的优劣直接关系到电子设备的性能指标。随着集成电路的发展，集成稳压电源也应运而生，并有了长足的发展。现在，集成稳压电源已成为模拟集成电路的一个重要分支。

集成稳压电源按照调整元件工作状态可分为连续式和开关式两类。连续式稳压电源又称线性稳压电源，其调整元件工作于线性放大区，调整元件中始终有电流存在，因此效率低、容量小、体积大；在开关式稳压电源中，其调整元件工作于开关工作状态，其优点是效率高、稳压范围宽、体积小。

直流稳压电源一般采用由交流电网供电，经整流、滤波、稳压后获得稳定的输出电压。

☺ 整流：是指将交流电转换成单向脉动的直流电。能完成整流任务的设备称为整流器。

☺ 滤波：是指滤除脉动直流电中的交流成分，使得输出波形平滑。能完成滤波任务的设备称为滤波器。

☺ 稳压：是指当输入电压波动或负载变化引起输出电压变化时，自动调整使输出电压保持不变。

精密基准电压源在电子电路中用处很大。与稳压电源相比，基准电压源更注重于输出电压的"稳定"和"准确"，而不注重其负载能力。

低压差电压集成稳压器是指输出电压与输入电压相差不大的集成稳压器，其优点是能降低输入电压，节约能源。

7.1 集成稳压器的应用

稳压电源可分为交流稳压电源和直流稳压电源两类。直流稳压电源可通过线性稳压电路和开关稳压电路来实现。而线性稳压电路又可分为硅稳压管稳压电路、串联型直流稳压电路和用集成稳压器构成的稳压电路三种。

集成稳压电源的种类很多，在不特指开关稳压电路时，通常指连续式集成稳压器。

7.1.1 三端固定输出集成稳压器

三端固定输出集成稳压器是一种串联式稳压电路，它有输入端、输出端和公共端 3 个引脚，使用非常方便。

1. 封装形式和引脚排列

固定输出的三端集成稳压器 W7800/W7900 系列有 4 种封装形式，如图 7-1 所示。W7800/W7900 系列各有 7 个型号，型号中的后两位数字用于表示输出电压值。输出电压分别为 ±5V、±6V、±9V、±12V、±15V、±18V、±24V，其中 W7800 系列输出正电压，W7900

系列输出负电压。输出电流有 1.5A（W7800/W7900 系列）、0.5A（W78M00/W79M00 系列）、0.1A（W78L00/W79L00 系列）3 个档次。例如，"W7805"表示输出电压为+5V、最大输出电流为 1.5A，"W79L05"表示输出电压为－5V、最大输出电流为 0.1A。W7800/W7900 系列三端集成稳压器的引脚排列见表 7-1。

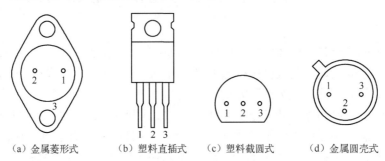

（a）金属菱形式   （b）塑料直插式   （c）塑料截圆式   （d）金属圆壳式

图 7-1   W7800/W7900 系列三端集成稳压器的封装形式

表 7-1   W7800/W7900 系列三端集成稳压器的引脚排列

系　列	封装形式					
	金属封装			塑料封装		
	IN	GND	OUT	IN	GND	OUT
W7800	1	3	2	1	2	3
W78M00	1	3	2	1	2	3
W78L00	1	3	2	3	2	1
W7900	3	1	2	2	1	3
W79M00	3	1	2	2	1	3
W79L00	3	1	2	2	1	3

根据稳定电压值选择稳压器型号时，应留有一定的裕量（但不宜过大）。

2. 应用电路

（1）基本应用电路：W7800 的基本应用电路如图 7-2 所示。图中：C_i 和 C_o 是为改善输入纹波电压而加的；在稳压器输入端与输出端之间跨接的二极管 VD 是起保护作用的。

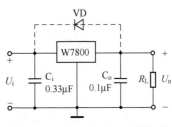

图 7-2   W7800 的基本应用电路

【例 7.1】W7805 基本应用电路的仿真电路图如图 7-3 所示。W7805 的输出电压为 5V，最大输出电流为 1.5A。图中：W7805 的输入电压为 12V；C1 = 0.33μF、C2 = 0.1μF；在 OUT 处观察输出电压。

用 Proteus 软件进行仿真，可以测出该电路的输出电压，如图 7-3 所示。由图可见，输出探针 OUT 下显示 5.00493V，这个数值就是 W7805 基本应用电路的输出电压值。

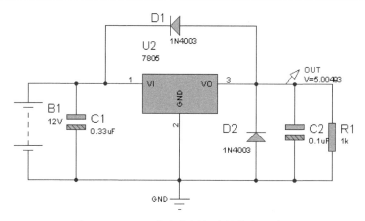

图 7-3　W7805 基本应用电路的仿真电路图

（2）可提高输出电压的稳压电路：如图 7-4 所示，该电路的输出电压为

$$U_o = U_o' + U_z \qquad (7-1)$$

式中，U_o' 为三端固定输出集成稳压器的输出电压值，U_z 为稳压管的稳压值。

【例 7.2】采用 W7805 构成的可提高输出电压的稳压电路的仿真电路图如图 7-5 所示。图中：所选稳压二极管的型号是 1N4733A，其稳压值为 5.1V；虚拟电压表用于测量输出电压。

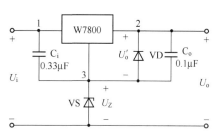

图 7-4　可提高输出电压的稳压电路

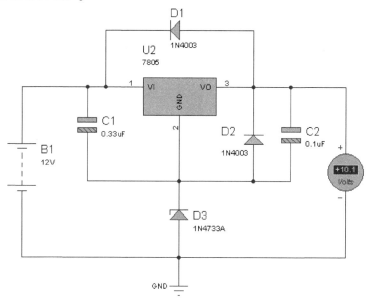

图 7-5　采用 W7805 构成的可提高输出电压的稳压电路

用 Proteus 软件进行仿真，可以测出该电路的输出电压，如图 7-5 所示。由图可见，虚拟电压表显示+10.1V，这个数值恰好就是 W7805 基本应用电路的输出电压值 5V 与稳压二极管 1N4733A 的稳压值 5.1V 之和。

（3）输出电压可调的稳压电路：W7800 和 W7900 均为三端固定输出集成稳压器，若想得到可调的输出电压，可以选用可调输出的集成稳压器，也可以将固定输出集成稳压器接成如图 7-6 所示的电路。该电路的输出电压为

$$U_o = \left(1 + \frac{R_2'' + R_3}{R_1 + R_2'}\right) U_o' \tag{7-2}$$

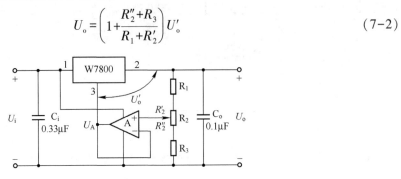

图 7-6　输出电压可调的稳压电路

稳压电路的电压调节范围为

$$\frac{R_1 + R_2 + R_3}{R_1 + R_2} U_o' \leq U_o \leq \frac{R_1 + R_2 + R_3}{R_1} U_o' \tag{7-3}$$

式中，U_o' 是 W7800 的输出电压值。

【例7.3】 采用 W7805 构成的输出电压可调的稳压电路的仿真电路图如图 7-7 所示。图中：R1 = R2 = R3 = 500Ω；C1 = 0.1μF，C2 = 0.33μF；RL 为电路的负载电阻。

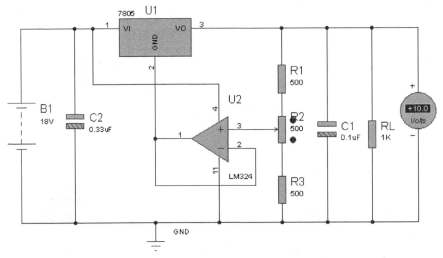

图 7-7　采用 W7805 构成的输出电压可调的稳压电路的仿真电路图

调节 R2 滑动端的位置，使之处在 R2 的中部。用 Proteus 软件进行仿真，可以测出该电路的输出电压，如图 7-7 所示。由图可见，虚拟电压表显示 +10.0V。

再次调节 R2 滑动端的位置，使之处在 R2 的最上端，测出该电路的输出电压为 +15.0V；然后调节 R2 滑动端的位置，使之处在 R2 的最下端，测出该电路的输出电压为 +7.51V。

以上是实测值，现在计算其理论值。

当 R2 的滑动端处在中间位置时，$R_2'' = R_2' = 250Ω$，$U_o' = 5V$，由式（7-2）可知，该电路的输出电压为

$$U_{o} = \left(1+\frac{750}{750} \right) \times 5\text{V} = 10\text{V}$$

由式（7-3）可知，该电路的输出电压调节范围为

$$7.5\text{V} \leqslant U_{o} \leqslant 15\text{V}$$

图 7-7 所示电路输出电压的实测值与理论计算值基本一致。

（4）正、负输出稳压电路：如图 7-8 所示。图中，两个二极管起保护作用，正常工作时，均处于截止状态。若 W7900 的输入端未接输入电压，W7800 的输出电压将通过 R_L 接到 W7900 的输出端，使 VD_2 导通，从而将 W7900 的输出端钳位在约 0.7V，保护其不至于损坏。同理，VD_1 可在 W7800 的输入端未接输入电压时保护其不至于损坏。

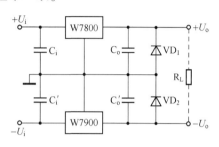

图 7-8　正、负输出稳压电路

【例 7.4】采用 W7812 和 W7912 构成的兼有正、负电压输出的稳压电路的仿真电路图如图 7-9 所示。图中：W7812 的输入电压为+15V，W7912 的输入电压为-15V；C1＝C2＝C3＝C4＝1μF；D1 和 D2 起保护作用；两个虚拟电压表用于测量输出电压。

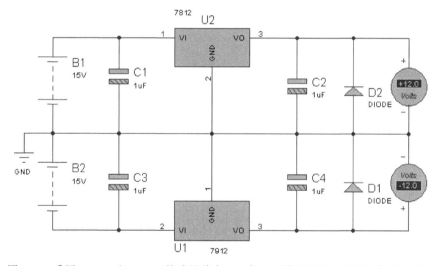

图 7-9　采用 W7812 和 W7912 构成的兼有正、负电压输出的稳压电路的仿真电路图

用 Proteus 软件进行仿真，可以测出该电路的输出电压，如图 7-9 所示。由图可见，两个虚拟电压表分别显示+12.0V 和-12.0V。

7.1.2　三端可调输出集成稳压器

1. W117

（1）基准电压源电路：采用 W117 组成的基准电压源电路如图 7-10 所示。W117 输出端与调整端之间有一个稳定的电压，其值为 1.25V；其输出电流最大可达 1.5A。图中，R 为泄放电阻器，$R=240\Omega$。

（2）典型应用电路：W117 的典型应用电路如图 7-11 所示。这是一个实现输出电压可

调的稳压电路。图中：$R_1 = 240\Omega$；R_2 为可变电阻器，调节 R_2，就可以调节该电路的输出电压。输出电压为

$$U_o = \left(1 + \frac{R_2}{R_1}\right) \times 1.25\text{V} \tag{7-4}$$

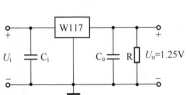

图 7-10 采用 W117 构成的基准电压源电路

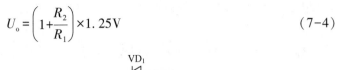

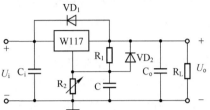

图 7-11 W117 的典型应用电路

图中：C 是为减小 R_2 上的纹波电压而加的，$C = 10\mu\text{F}$；VD_1 和 VD_2 是起保护作用的。

2. LM317K

LM317K 和 W117 具有相同的引脚和基准电压。

【例 7.5】采用 LM317K 构成的基准电压源的仿真电路图如图 7-12 所示。图中：输入电压为 +12V；C1 = 0.33μF，C2 = 0.1μF；R = 240Ω；在 OUT 处观察输出电压。

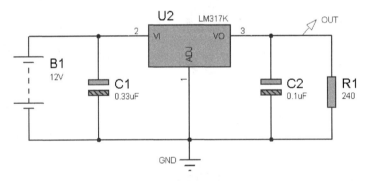

图 7-12 采用 LM317K 构成的基准电压源的仿真电路图

用 Proteus 软件进行仿真，可以测出该电路的输出电压，如图 7-13 所示。由图可见，探针 OUT 下显示的数值是 +1.25194V，表明该电路确实能够输出 +1.25V 的基准电压。

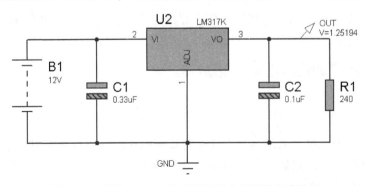

图 7-13 采用 LM317K 构成的基准电压源的仿真结果

【例 7.6】采用 LM317K 构成的输出电压可调的典型应用电路的仿真电路图如图 7-14 所示。图中：输入电压为 +15V；C1 = 0.33μF，C2 = 0.1μF，C3 = 10μF；R = 240Ω，RV1 = 1.68kΩ；D1、D2 的型号均为 1N4148；在 OUT 处观察输出电压。

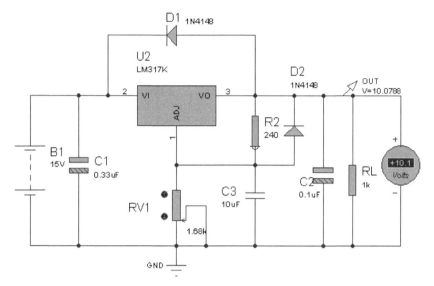

图 7-14　采用 LM317K 构成的输出电压可调的典型应用电路的仿真电路图

首先将 RV1 的滑动端调到最下端，用 Proteus 软件进行仿真，可以测出该电路的输出电压，如图 7-14 所示。由图可见，虚拟电压表显示 +10.1V。再将 RV1 的滑动端调到最上端，重新进行仿真，虚拟电压表上显示 +1.26V。然后，将 RV1 的滑动端调到中间位置，重新进行仿真，虚拟电压表显示 +5.67V。

现在计算当 RV1 的滑动端分别处在上述 3 个位置（最上端、最下端、中间位置）时，输出电压的理论值。

根据输出电压的计算公式 $U_o = \left(1 + \dfrac{RV1}{R2}\right) \times 1.25V$，当 RV1 的滑动端处在最下端位置时，有

$$U_o = \left(1 + \frac{1680}{240}\right) \times 1.25V = 10.0V$$

当 RV1 的滑动端处在最上端位置时，有

$$U_o = \left(1 + \frac{0}{240}\right) \times 1.25V = 1.25V$$

当 RV1 的滑动端处在中间位置时，有

$$U_o = \left(1 + \frac{840}{240}\right) \times 1.25V = 5.625V$$

由此可知，图 7-14 所示电路输出电压的实测值与理论计算值是比较一致的。

【例 7.7】采用 LM317K 构成的 1.2～30V 连续可调稳压电源的仿真电路图如图 7-15 所示。图中：下方的 +1.25V 电压为输入电压的基准电压；输入电压为 +36V；RV1 = 22kΩ，R1 = R2 = 1kΩ；虚拟电压表用于测量输出电压。

首先将 RV1 的滑动端调到最上端，用 Proteus 软件进行仿真，虚拟电压表显示 +29.8V，

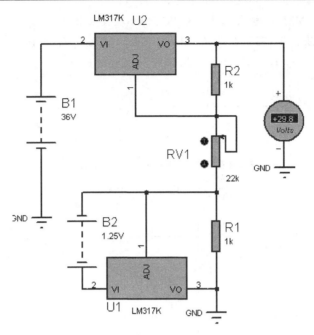

图 7-15　采用 LM317 构成的 1.2～30V 连续可调稳压电源的仿真电路图

如图 7-15 所示。再将 RV1 的滑动端调到最下端，重新进行仿真，虚拟电压表显示+1.20V。这表明，该电路确实能够输出+1.2～+29.8V 的电压。

【例 7.8】采用 LM317K 构成的负载接地的可调恒流源的仿真电路图如图 7-16 所示。图中：输入电压为+12V；RV1 = 120Ω，RL = 10Ω；用虚拟电流表测量输出电流。

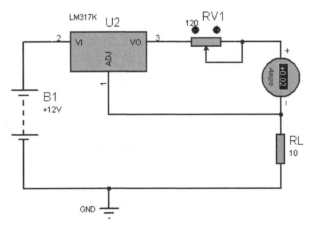

图 7-16　采用 LM317K 构成的负载接地的可调恒流源的仿真电路图

将 RV1 的滑动端调到中间位置，用 Proteus 软件进行仿真，虚拟电流表显示+0.02A，如图 7-16 所示。通过调节 RV1 的滑动端，可以得到 10mA～1.2A 的恒流输出。

【例 7.9】采用 LM317K 和 CC4051 构成的程控稳压电源的仿真电路图如图 7-17 所示。已知，LM317K 的 U_{REF} = 1.25V；CC4051 的导通电阻为 400Ω，关断电阻为无穷大。电源电压 B1 为 +30V，R1 为 620Ω，R21、R22、R23、R24、R25、R26、R27 的电阻值依次为 1.5kΩ、3.4kΩ、4.9kΩ、6.4kΩ、7.9kΩ、10.9kΩ、13.9kΩ。求程控稳压电源的输出电压。

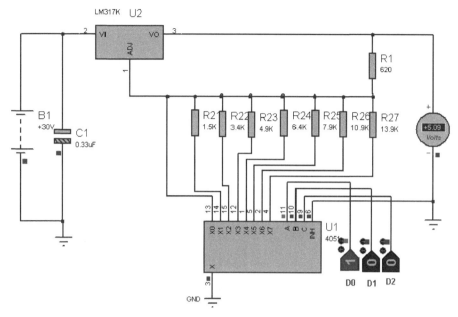

图 7-17　采用 LM317K 和 CC4051 构成的程控稳压电源的仿真电路图

当 D2D1D0 的取值为 001 时，用 Proteus 软件进行仿真，虚拟电压表显示+5.09V，如图 7-17所示。通过实验可知，当 D2D1D0 的取值分别为 000、001、010、011、100、101、110、111 时，输出电压值依次约为 2V、5V、9V、12V、15V、18V、24V、30V。

7.1.3　三端可调负电压输出集成稳压器

LM337H 与 LM317K 类似，只是前者输出负电压，而后者输出正电压。

【例 7.10】图 7-18 所示为采用 LM337H 构成的负电压输出集成稳压电源的仿真电路图。图中：输入电压为-12V；C1 = C2 = 1μF；R1 = 120Ω，RV1 = 1kΩ；用虚拟电压表测量输出电压。

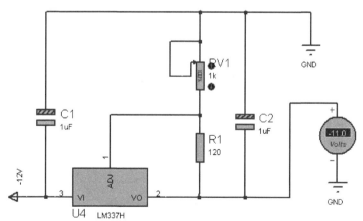

图 7-18　采用 LM337H 构成的负电压输出集成稳压电源的仿真电路图

将 RV1 的滑动端调到最上端，用 Proteus 软件进行仿真，虚拟电压表显示-11.0V，如图 7-18 所示。调节 RV1 的滑动端，可以得到-1.25～-11.0V 的输出电压。

【例 7.11】 图 7-19 所示为采用 LM337H 和 LM317K 构成的可调正负电压输出集成稳压电源的仿真电路图。图中：输入电压为 +25V 和 -25V；C1 = C2 = 0.1μF，C3 = C4 = 10μF，C5 = C6 = 1μF；R1 = R2 = 120Ω，RV1 = RV2 = 2kΩ；用虚拟电压表测量输出电压。

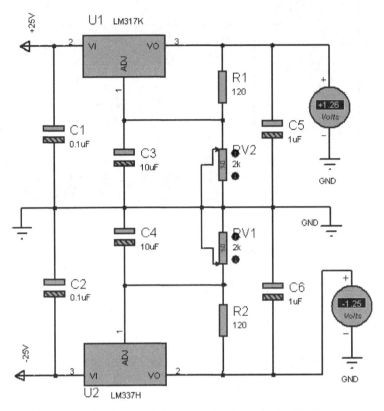

图 7-19 采用 LM337H 和 LM317K 构成的可调正负电压输出集成稳压电源的仿真电路图

将 RV1 的滑动端调到最下端，将 RV2 的滑动端调到最上端，用 Proteus 软件进行仿真，输出端的两个虚拟电压表显示 +1.26V 和 -1.25V，如图 7-19 所示。通过调节 RV1 和 RV2 的滑动端的位置，可以得到 -1.25～-21.8V 和 +1.26～+22.2V 的两路可调电压输出。

7.1.4 五端集成稳压器

L200 是一种可调正电压输出的五端集成稳压器，其输出电压范围是 2.85～36V。L200 有两种封装形式，如图 7-20 所示。图 7-21 所示的是 L200 的引脚图。

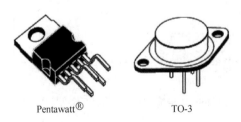

图 7-20 L200 的封装形式

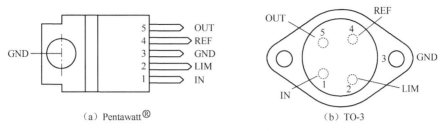

（a）Pentawatt®　　　　　　　　　（b）TO-3

图 7-21　L200 的引脚图

【**例 7.12**】 图 7-22 所示为采用 L200 构成的固定输出稳压电源的仿真电路图。图中：输入电压为 +15V；C1 = 0.33μF，C2 = 0.1μF；R1 = 500Ω；用虚拟电压表观察输出电压。

用 Proteus 软件进行仿真，虚拟电压表显示 +13.9V，如图 7-22 所示。

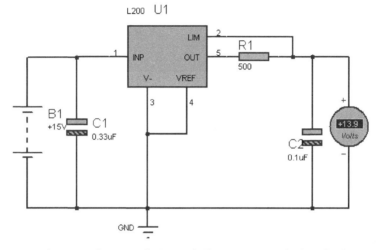

图 7-22　采用 L200 构成的固定输出稳压电源的仿真电路图

【**例 7.13**】 图 7-23 所示为采用 L200 构成的可调输出稳压电源的仿真电路图。图中：输入电压为 +36V；C1 = 0.33μF，C2 = 0.1μF；R1 = 820Ω，R3 = 500Ω，PR2 = 10kΩ；在 L200 的 OUT 引脚处用虚拟电压表测量输出电压。

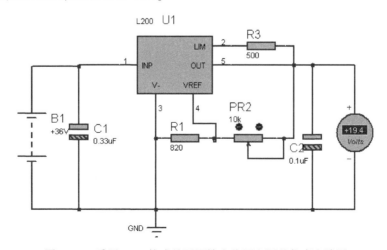

图 7-23　采用 L200 构成的可调输出稳压电源的仿真电路图

将 PR2 的滑动端调到中间位置，用 Proteus 软件进行仿真，虚拟电压表显示+19.4V，如图 7-23 所示。通过调节 PR2 的滑动端的位置，可以得到+2.78~+34.1V 输出电压。

7.1.5 多端集成稳压器

多端集成稳压器是指具有多于 5 个引脚的集成稳压器，如 LM723（μA723）、UC3842AN 等。

LM723 是一种较典型的多端可调稳压器，与其功能相同且可直接代换的型号有 W723、μA723、FG723、FG1723 等。LM723 有两种封装形式——DIP14 和金属圆壳，如图 7-24 所示。两种封装的引脚编号不同，表 7-2 列出了 LM723 两种封装引脚的对应关系。

表 7-2   LM723 两种封装引脚的对应关系

引脚功能	符号	金属圆壳	DIP14
负电源	$V-$	5	7
正电源	$V+$	8	12
过载保护	CL	10	2
过电流保护	C_S	1	3
同相输入	NV	3	5
反相输入	INV	2	4
基准电压	V_{REF}	4	6
输入	V_{CC}	7	11
输出	V_O	6	10
频率补偿	COMP	9	13

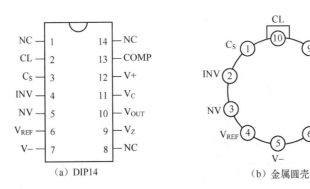

图 7-24   LM723 的封装形式

LM723 的主要电参数：最大输入电压为 40V，输出电压为 2~37V，基准电压为 7.2V，最大负载电流为 50mA，最大功耗为 0.3W。

【例 7.14】图 7-25 所示为采用 LM723 构成的可输出正电压的稳压电源的仿真电路图。图中：LM723 的电源电压为 +20V；C1 = 500pF；R1 = R2 = R3 = 1kΩ，R4 = 650Ω；Q1 为 2N2222；LM723 的第 5 脚和第 6 脚连接在一起；用虚拟电压表观察输出电压。

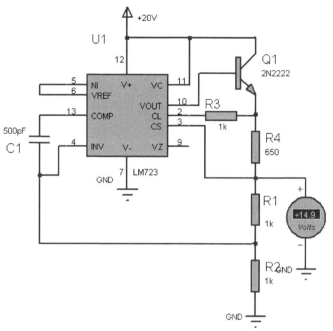

图 7-25　采用 LM723 构成的可输出正电压的稳压电源的仿真电路图

用 Proteus 软件进行仿真，虚拟电压表显示+14.9V，如图 7-25 所示。

【例 7.15】 图 7-26 所示为采用 LM723 构成的可输出负电压的稳压电源的仿真电路图。图中：LM723 的电源电压为+20V；$C1 = 100pF$；$R1 = 12k\Omega$，$R2 = 10k\Omega$，$R3 = R4 = 3k\Omega$，$R5 = 2k\Omega$；Q1 为 2N5401；用虚拟电压表观察的输出电压。

用 Proteus 软件进行仿真，输出端的虚拟电压表显示-14.1V，如图 7-26 所示。

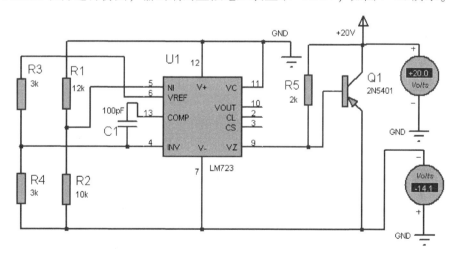

图 7-26　采用 LM723 构成的可输出负电压的稳压电源的仿真电路图

7.2　低压差（LDO）集成稳压器

前面介绍的三端、五端和多端集成稳压器有一个共同的缺点，即输入电压和输出电压必须维持 2～3V 的电压差才能正常工作，因此在电池供电设备中使用时非常不便。

通常，低压差（Low DropOut，LDO）集成稳压器具有以下特点。

☺ 非常低的电压差；

☺ 非常低的内部损耗；

☺ 很小的温度漂移；

☺ 很高的输出稳压精度；

☺ 很好的负载和线性调整率；

☺ 很宽的工作温度范围；

☺ 较宽的输入电压范围。

目前，有众多公司生产低压差线性集成稳压器，如 Micrel 公司生产的 MIC29150 系列，NS 公司生产的 LM、LP 系列，以及我国台湾盛群（HOLTEK）公司生产的 HT 系列。

7.2.1　TL783

TL783 是一种可调高压输出线性集成稳压器，当增加外接电阻分压器时，其电压调节范围为 1.25～125V，最大输出电流为 700mA。TL783 的外形图如图 7-27 所示。TL783 的 3 个引脚 IN、OUT 和 ADJ 依次是输入端、输出端和调整端。

图 7-27　TL783 的外形图

【例 7.16】TL783 应用电路的仿真电路图如图 7-28 所示。图中：R1 = 82Ω，RV1 = 8kΩ；C1 = 10μF，C2 = 1μF；TL783 的输入电压为 125V；TL783 的输出端对地跨接虚拟电压表，用于观察输出电压。

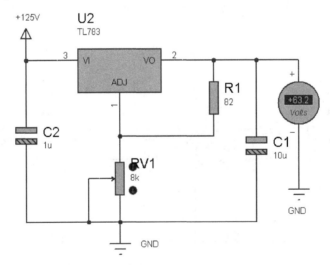

图 7-28　TL783 应用电路的仿真电路图

先将 RV1 的滑动端调整到中间位置，用 Proteus 软件进行仿真，虚拟电压表显示 +63.2V，如图 7-28 所示。再将 RV1 的滑动端分别调整到最上端和最下端，虚拟电压表分别显示 +1.39V 和 +125V。

7.2.2　LT3010

LT3010 是一种输入电压范围为 $3\sim80\text{V}$、微功耗、低压差线性集成稳压器，其输出电流为 50mA。LT3010 的引脚图如图 7-29 所示。它的第 8 脚 IN 为输入引脚；第 1 脚 OUT 为输出引脚；第 4 脚 GND 为地；第 2 脚 SENSE/ADJ 为调整引脚；第 5 脚 $\overline{\text{SHDN}}$ 为闭锁引脚。当 $\overline{\text{SHDN}}$ 所接电压小于 0.3V 时，输出闭锁。LT3010 的可调输出电压为 $1.275\sim60\text{V}$。

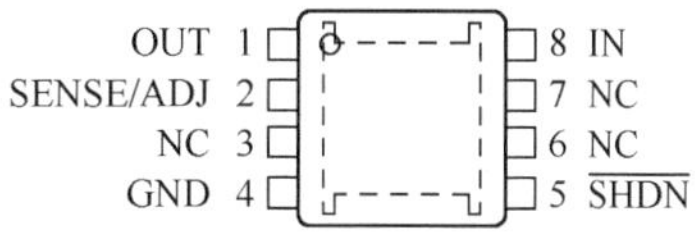

```
OUT      1 |  8 IN
SENSE/ADJ 2 |  7 NC
NC       3 |  6 NC
GND      4 |  5 SHDN
```

图 7-29　LT3010 的引脚图

【例 7.17】 LT3010 应用电路的仿真电路图如图 7-30 所示。图中：输入电压为 +12V；$R1=1\text{k}\Omega$，$R2=3\text{k}\Omega$；$C1=1\mu\text{F}$，$C2=0.1\mu\text{F}$；用虚拟电压表观察输出电压。

用 Proteus 软件进行仿真，可以测出该电路的输出电压，如图 7-30 所示。由图可见，虚拟电压表显示 +5.09V。

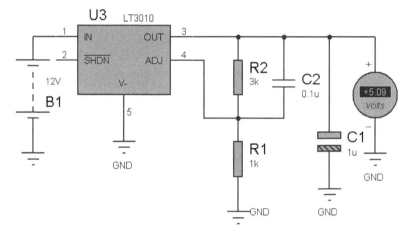

图 7-30　LT3010 应用电路的仿真电路图

现在计算其理论值。LT3010 输出电压计算公式为

$$U_\text{o}=\left(1+\frac{R_2}{R_1}\right)\times1.275\text{V}$$

把电阻值代入上式，可得：

$$U_\text{o}=\left(1+\frac{3\times10^3}{1\times10^3}\right)\times1.275\text{V}=5.1\text{V}$$

与实测值比较，可知 LT3010 低压差线性稳压器的输出电压值和理论计算值基本吻合。

【例 7.18】 LT3010-5 是一种与 LT3010 相近的低压差线性集成稳压器，只是其输入电压范围是 $5.4\sim80\text{V}$，输出电压为 5V（固定值）。LT3010-5 应用电路的仿真电路图如图 7-31 所示。图中：输入电压为 5V；$C1=C2=1\mu\text{F}$；用虚拟电压表观察输出电压。

用 Proteus 软件进行仿真，虚拟电压表显示 +5.00V，如图 7-31 所示。在 $5.4\sim80\text{V}$ 范围内改变输入电压的大小，重新进行仿真，可以发现图 7-31 所示电路的输出电压保持不变，均为 +5V。

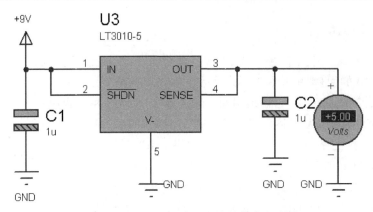

图 7-31 LT3010-5 应用电路的仿真电路图

7.2.3 LTC3026

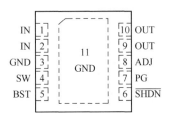

图 7-32 LTC3026 的引脚图

LTC3026 是一种输入电压范围为 1.14～3.5V（或 5.5V）的低压差线性集成稳压器，其输出电流高达 1.5A。LTC3026 的引脚图如图 7-32 所示。它的第 1 脚和第 2 脚 IN 为输入引脚；第 9 脚和第 10 脚 OUT 为输出引脚；第 3 脚 GND 为地；第 8 脚 ADJ 为调整引脚；第 6 脚 $\overline{\text{SHDN}}$ 为闭锁引脚，当 $\overline{\text{SHDN}}$ 所接电压小于 0.3V 时，输出闭锁；第 4 脚 SW 为启动开关引脚；第 5 脚 BST 为启动输出电压引脚。LTC3026 的调节输出电压范围为 0.4～2.6V。

【例 7.19】采用 LTC3026 构成的输入 1.5V、输出 1.2V 的应用电路的仿真电路图如图 7-33 所示。图中：输入电压为 +1.5V；R1 = 100kΩ，R2 = 8.06kΩ，R3 = 4.03kΩ；C1 = 10μF，C3 = C4 = 4.7μF；L1 = 10μH；$\overline{\text{SHDN}}$ 接 +3V；用虚拟电压表观察输出电压。

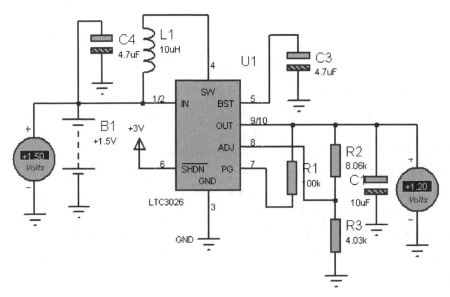

图 7-33 采用 LTC3026 构成的输入 1.5V、输出 1.2V 的应用电路的仿真电路图

用 Proteus 软件进行仿真，可以测出该稳压电路的输出电压，如图 7-33 所示。由图可见，虚拟电压表显示+1.20V。

【例 7.20】采用 LTC3026 构成的输入 3.3V、输出 2.5V 的应用电路的仿真电路图如图 7-34 所示。图中：输入电压为 +3.3V；R1 = 100kΩ，R2 = 21kΩ，R3 = 4.02kΩ；C1 = 10μF，C3 = C4 = 1μF；BST 引脚接+5V；用虚拟电压表观察输出电压。

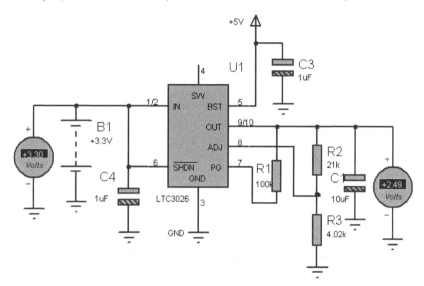

图 7-34　采用 LTC3026 构成的输入 3.3V、输出 2.5V 的应用电路的仿真电路图

用 Proteus 软件进行仿真，可以测出该稳压电路的输出电压，如图 7-34 所示。由图可见，虚拟电压表显示+2.49V。

7.3　精密基准电压源

基准电压源通常是指在电路中用作电压基准的高稳定度的电压源，理想的基准电压源不受电源扰动和温度变化的影响，比普通电源具有更高的精度和稳定性。

所有模/数转换器（ADC）和数/模转换器（DAC）都需要基准信号（通常为电压基准）。不仅如此，精密的电压基准也应用于一些电子设备中。前面介绍的稳压电路虽然可以作为基准电压源来使用，但它一般不能作为高精度的基准电压源。

衡量基准电压源质量等级的关键技术指标是电压温度系数，它表示由于温度变化而引起输出电压的漂移量，简称温漂。基准电压源的温漂通常在$(0.2 \sim 100) \times 10^{-6}$之间，温漂大于$10^{-4}$的就不能称其为基准电压源了。

基准电压源更注重输出电压的"稳定"和"准确"，而不注重其负载能力。基准电压源可以由集成运放搭建而成，也有众多公司生产的集成基准电压源产品，如 AD780、AD581、AD584、AD587、TL431、LM285/LM385 和 AD680 等。

7.3.1 AD780

AD780 是一种能输出 2.5V 或 3V 两种电压的高精度基准电压源，其电压温度系数为 3×10^{-6}/℃。AD780 的引脚图如图 7-35 所示。

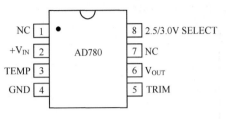

图 7-35 AD780 的引脚图

【例 7.21】图 7-36 所示为 AD780 应用电路的仿真电路图。图中：C4＝1μF；为了得到 3V 的输出电压，SEL 引脚接地；输入电压为＋5V；AD780 的输出端对地跨接虚拟电压表，用于观察输出电压。

用 Proteus 软件进行仿真，可以测出该电路的输出电压，如图 7-36 所示。由图可见，虚拟电压表显示＋3.00V。

将 SEL 引脚由接地变为悬空，重新进行仿真，虚拟电压表显示＋2.50V，如图 7-37 所示。

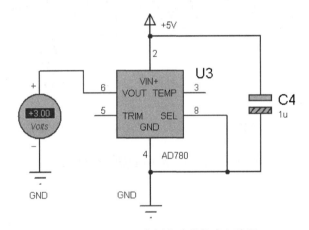

图 7-36 AD780 应用电路的仿真电路图

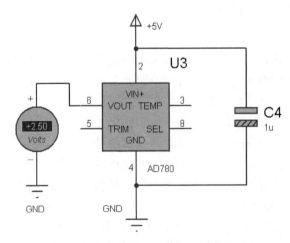

图 7-37 AD780 应用电路的仿真结果

7.3.2　AD581

AD581 是一种能输出 10V 电压的高精度基准电压源，其电压温度系数为$(5\sim10)\times$ $10^{-6}/℃$。AD581 为 3 引脚 TO-5 封装，其底视图和接线法如图 7-38 所示。AD581 的输入电压为+12~+40V。

【例 7.22】AD581 应用电路的仿真电路图如图 7-39 所示。图中：输入电压为+12V；R1 =560Ω；AD581 的输出端对地跨接虚拟电压表，用于观察输出电压。

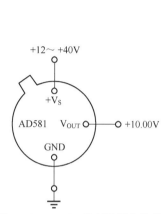

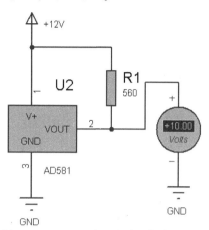

图 7-38　AD581 的底视图和接线法　　图 7-39　AD581 应用电路的仿真电路图

用 Proteus 软件进行仿真，虚拟电压表显示+10.00V，如图 7-39 所示。

7.3.3　AD584

AD584 是一种能输出 10.0V、7.5V、5.0V、2.50V 四种不同电压的高精度电压参考源，其电压温度系数为$(5\sim15)\times10^{-6}/℃$。AD584 有两种封装形式，分别是 TO-99 封装和 DIP 封装，其引脚图如图 7-40 所示。

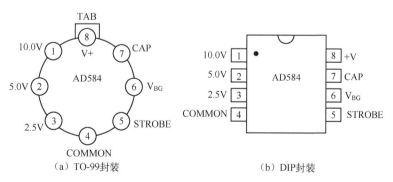

（a）TO-99封装　　　　　　　（b）DIP封装

图 7-40　AD584 的引脚图

【例 7.23】AD584 应用电路的仿真电路图如图 7-41 所示。图中：输入电压为+12V；第 7 脚 CAP 和第 6 脚 Vbg 之间的 C4 起滤波作用，C4=0.1μF；AD584 的电压输出端第 1~3 脚对地各接一个虚拟电压表，用于观察输出电压。

用 Proteus 软件进行仿真，AD584 的电压输出端第 1~3 脚所接虚拟电压表分别显示 +10.0V、+5.00V 和+2.50V，如图 7-41 所示。

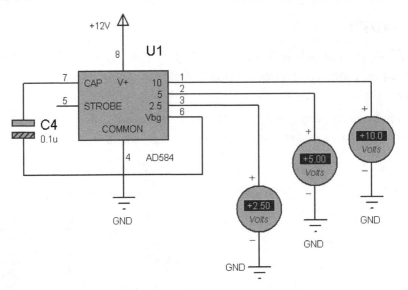

图 7-41　AD584 应用电路的仿真电路图

剩下的 7.50V 从哪儿输出呢？这要改变一下接线，将第 2 脚和第 3 脚连接在一起，重新进行仿真，接在第 1 脚上的虚拟电压表就会显示+7.50V，如图 7-42 所示。

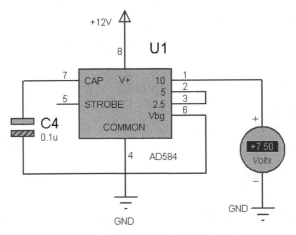

图 7-42　输出 7.5V 电压的 AD584 应用电路的仿真电路图

7.3.4　AD587

AD587 是一种能输出 10V 电压的高精度基准电压源，其电压温度系数为 $5 \times 10^{-6}/℃$。AD587 为 8 引脚 DIP 封装，其引脚图如图 7-43 所示。它的第 2 脚+V_{IN}为输入引脚；第 6 脚 V_{OUT} 为输出引脚；第 4 脚 GND 为地；TP* 引脚为工厂测试引脚。AD587 的输入电压范围为+3.6～+36V。

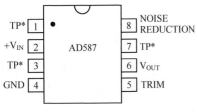

图 7-43　AD587 引脚图

【例 7.24】AD587 应用电路的仿真电路图如图 7-44 所示。图中：输入电压为+12V；接在输出端 VOUT 和+12V 电源之间的 R1 = 560Ω；AD587 的输出端对地跨接虚拟电压表，用于观察输出电压。

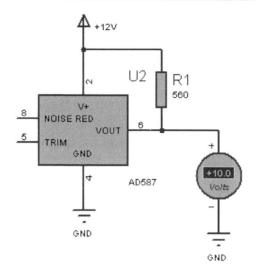

图 7-44　AD587 应用电路的仿真电路图

用 Proteus 软件进行仿真，虚拟电压表显示+10.0V，如图 7-44 所示。

【例 7.25】利用 AD587 生成-10V 基准电压的应用电路的仿真电路图如图 7-45 所示。图中：输入电压为+15V；输出端 VOUT 接地；GND 端经 R1 与-15V 电源相连；C1 =1nF；在 UO 点用虚拟电压表观察输出电压。

用 Proteus 软件进行仿真，虚拟电压表显示-10.0V，如图 7-45 所示。

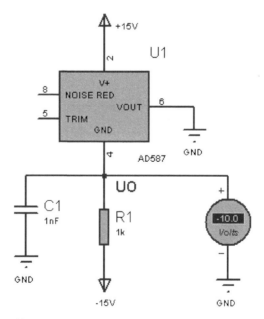

图 7-45　利用 AD587 生成-10V 基准电压的应用电路的仿真电路图

7.3.5　TL431

TL431 是一种可调式基准电压集成电路，其主要特点是：可调输出电压范围大，为 2.5～

36V；输出阻抗较小，约为 0.2Ω；电压温度系数为 $3\times10^{-5}/℃$。TL431 的基准电压 $U_{REF}=$ 2.44～2.55V；工作电流范围为 1～100mA；击穿电压 $U_{AC}>40V$；最大功耗 P_{OM} 为 770mW（25℃）。TL431 的外部等效图如图 7-46 所示。

图 7-46　TL431 的外部等效图

【例 7.26】 图 7-47 所示为 TL431 应用电路（输出 2.5V 电压）的仿真电路图。图中：输入电压为 +12V；TL431 的第 1 脚和第 3 脚相连，作为电压输出端，并对地接虚拟电压表，用于观察输出电压。

用 Proteus 软件进行仿真，虚拟电压表显示 +2.49V，如图 7-47 所示。

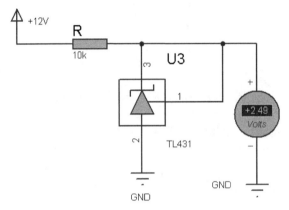

图 7-47　TL431 应用电路（输出 2.5V 电压）的仿真电路图

【例 7.27】 图 7-48 所示为 TL431 应用电路（输出 5V 电压）的仿真电路图。图中：输入电压为 +12V；R1 = R2 = 10kΩ；虚拟电压表用于观察输出电压。

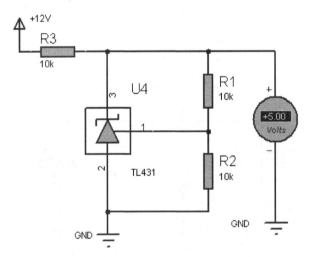

图 7-48　TL431 应用电路（输出 5V 电压）的仿真电路图

用 Proteus 软件进行仿真，可以测出电路的输出电压，虚拟电压表显示 +5.00V，如图 7-48 所示。这种电路的输出电压是可调的，只要改变 R1 和 R2 的电阻值即可，其输出电压计算公式为

$$U_{\text{o}} = \left(1 + \frac{R2}{R1}\right) U_{\text{REF}}$$

式中：U_{REF} 为接在 TL431 第 1 脚的参考电压（本例中，$U_{\text{REF}} = 2.5V$）。

7.3.6　LM285/LM385

LM285/LM385 是一种微功耗电压基准二极管，设计工作在 $10\mu A \sim 20mA$ 的宽电流范围内。LM285/LM385 为低成本的 TO-226AA 塑料封装，有 1.235V 和 2.500V 两种电压规格。LM285 的工作温度范围是 $-40 \sim +85℃$，LM385 的工作温度范围是 $0 \sim +70℃$。

【例 7.28】LM385 输出 1.24V 的应用电路的仿真电路图如图 7-49 所示。图中：R1 = 500kΩ，电源电压为 +9V，输出端 A 点对地跨接虚拟电压表。

用 Proteus 软件进行仿真，可以测出该电路的输出电压，如图 7-49 所示。由图可见，虚拟电压表显示 +1.24V。

【例 7.29】LM385 输出 +5.00V 的应用电路的仿真电路图如图 7-50 所示。图中：R1 = 50kΩ，R2 = 120kΩ，R3 = 364kΩ；电源电压为 +9V；在 A 点、B 点对地各跨接一个虚拟电压表，用于观察输出电压。

用 Proteus 软件进行仿真，可以测出该电路的输出电压，如图 7-50 所示。由图可见，接在 A 点的虚拟电压表显示 +4.99V，接在 B 点的虚拟电压表显示 +3.75V。

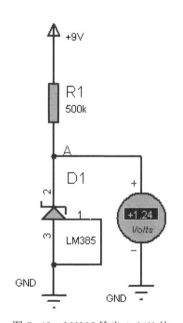

图 7-49　LM385 输出 1.24V 的
应用电路的仿真电路图

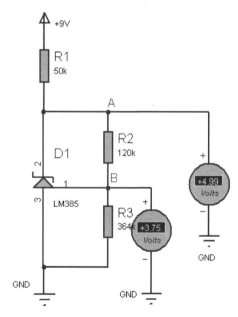

图 7-50　LM385 输出 5.0V 的
应用电路的仿真电路图

7.3.7　AD680

AD680 是一种能输出 2.5V 电压的基准电压源，其电压温度系数为 $2 \times 10^{-5}/℃$。它的输入电压范围是 $4.5 \sim 36V$，它有 3 种封装形式：8 引脚 DIP 封装、8 引脚 SOIC 封装和 3 引脚 TO-92 封装。AD680 的引脚图如图 7-51 所示。

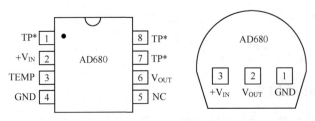

图 7-51　AD680 的引脚图

【例 7. 30】图 7-52 所示为 AD680 应用电路的仿真电路图，共有两个电路。其中：一个加 +5V 电源电压；另一个不加电源电压，输入电压引脚对地接一个电容器。这两个电路的输入电压均为 +8V，输出端对地都跨接虚拟电压表用于观察输出电压。

用 Proteus 软件进行仿真，可以测出该电路的输出电压，如图 7-52 所示。由图可见，两个虚拟电压表均显示 +2.50V。由此可知，不论是否有电源电压，AD680 都能输出 2.5V 电压。

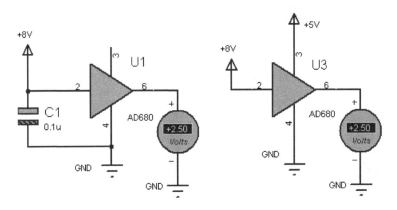

图 7-52　AD680 应用电路的仿真电路图

7.3.8　MAX666

MAX666 是一种低功耗、低压差、CMOS 线性集成稳压器，其输入电压范围为 2～16.5V，输出电压既可为 5V 固定电压，又可为 1.3～16V 可调电压，最大输出电流为 40mA。图 7-53 所示的是 MAX666 的引脚图。表 7-3 列出了 MAX666 的引脚功能。

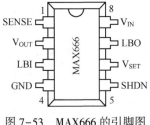

图 7-53　MAX666 的引脚图

表 7-3　MAX666 的引脚功能

引脚号	引脚符号	引脚功能
1	SENSE	过电流保护端，不需要过电流保护时，该引脚直接与第 2 脚相连
2	V_{OUT}	电压输出端
3	LBI	外部电池电压输入端，接内部电压比较器的同相输入端，其反相输入端接固定的 1.3V
4	GND	接地

引脚号	引脚符号	引 脚 功 能
5	SHDN	关断控制端。当该端电压大于 1.4V 时，输出电压为 0V；当该端电压小于 1V 时，恢复正常工作
6	V_{SET}	输出电压设置端，将该端接地时输出 5V 固定电压
7	LBO	内部电压比较器的输出端，采用 OD（漏极开路式）输出
8	V_{IN}	电压输入端，其极限电压为+18V

【**例 7.31**】 图 7-54 所示为采用 MAX666 构成的+5V 固定电压输出电路的仿真电路图。图中：输入电压为+9V；VSET 引脚接地；MAX666 的第 2 脚（VOUT）接虚拟电压表，用于观察输出电压。

用 Proteus 软件进行仿真，可以测出该电路的输出电压，如图 7-54 所示。由图可见，虚拟电压表显示+5.10V。

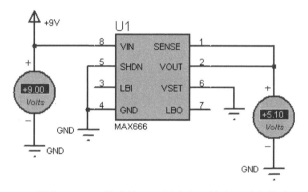

图 7-54　采用 MAX666 构成的+5V 固定电压输出电路的仿真电路图

【**例 7.32**】 图 7-55 所示为采用 MAX666 构成的输出可调电压电路的仿真电路图。图中：输入电压为+15V；R1=500Ω，R3=2kΩ，RV1=10kΩ；MAX666 的第 5 脚和第 4 脚接地；MAX666 的第 2 脚（VOUT）经 R1 与第 1 脚相连后接虚拟电压表，用于观察输出电压。

先把 RV1 的滑动端调到中间位置，用 Proteus 软件进行仿真，可以测出该电路的输出电压，如图 7-55 所示。由图可见，虚拟电压表显示+4.32V。再将 RV1 的滑动端分别调到最上端和最下端，可分别测得电压输出值为+1.31V 和+7.53V。

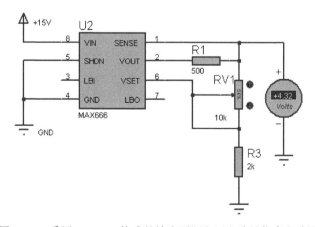

图 7-55　采用 MAX666 构成的输出可调电压电路的仿真电路图

7.4　DC/DC 电源变换器

前面介绍的线性稳压电源的缺点是效率低（低于 50%）、耗能高、不环保。为此，人们开发出开关稳压电源。开关稳压电源的效率可达 70%～90%，且与输入/输出电压差无关。相对于线性稳压电源，开关稳压电源是一种效率高、更节能的电源。此外，线性稳压电源的输出电压总比输入电压低，输出电压总是和输入电压同极性，而开关稳压电源不仅可实现同极性降压型稳压，还可实现升压稳压、极性倒置稳压。开关稳压电源的这一优点使其具有更广的应用范围。

DC/DC 电源变换器是开关稳压电源中常见的一种，它由二极管、三极管和电容器等元器件组成。DC/DC 电源变换器通过控制开关通与断，将直流电压或电流变换成高频方波电压或电流，再经整流平滑变为直流电压输出。DC/DC 电源变换器可分为升压型、降压型、升/降压型 3 类。

7.4.1　ICL7660

ICL7660 是一种升/降压型 DC/DC 电源变换器，能产生与正输入电压相同值的负输出电压。ICL7660 有 DIP、SO 等多种封装形式，图 7-56 所示的是 ICL7660 的 DIP 封装引脚图。表 7-4 列出了 ICL7660 的引脚功能。ICL7660 的输入电压为 1.5～12V。

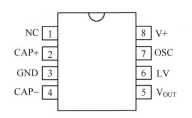

图 7-56　ICL7660 的 DIP 封装引脚图

表 7-4　ICL7660 的引脚功能

引脚号	引脚符号	引脚功能
1	N.C	空引脚
2	CAP+	储能电容正极
3	GND	接地
4	CAP−	储能电容负极
5	VOUT	电压输出端
6	LV	输入低电压控制端：输入电压低于 3.5V 时，该端接地；高于 3.5V 时，该端悬空
7	OSC	工作时钟输入端
8	V+	电源输入端

ICL7660 主要应用在需要从 +5V 电源产生 −5V 电源的设备中，如数据采集设备、手持式仪表、运放电源、便携式电话等。ICL7660 有两种工作模式：变换器和分压器。作为变换器时，ICL7660 可将 1.5～10V 范围内的输入电压变换为相应负电压；作为分压器时，它将输入电压一分为二。

【**例 7.33**】图 7-57 所示为输出负电压的 ICL7660 应用电路的仿真电路图。图中：C1 = C2 = 10μF；ICL7660 的第 3 脚接地，第 8 脚接 +5V；输出端对地跨接一个虚拟电压表，用于观察输出电压。

解：用 Proteus 软件进行仿真，可以测出该电路的输出电压，如图 7-57 所示。由图可见，虚拟电压表显示-5.00V。

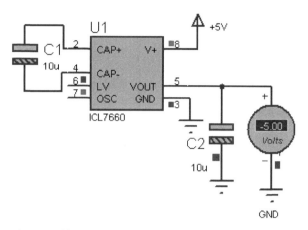

图 7-57　输出负电压的 ICL7660 应用电路的仿真电路图

【**例 7.34**】图 7-58 所示为输出半压的 ICL7660 应用电路的仿真电路图。图中：C1 = C2 = 10μF，C3 = 0.1μF；ICL7660 的第 5 脚接地，第 8 脚接+3V；因为输入电压低于 3.5V，因此 ICL7660 第 6 脚接地；输出端第 3 脚（GND）对地跨接虚拟电压表，用于观察输出电压。

用 Proteus 软件进行仿真，可以测出该电路的输出电压，如图 7-58 所示。由图可见，虚拟电压表显示+1.50V（此值为输入电压 3V 的一半）。

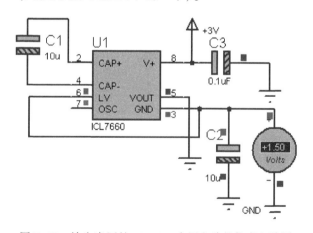

图 7-58　输出半压的 ICL7660 应用电路的仿真电路图

【**例 7.35**】图 7-59 所示为输出倍压的 ICL7660 应用电路的仿真电路图。图中：C1 = C2 = 10μF；D1、D2 均为 1N4148；ICL7660 的第 5 脚和第 3 脚均接地；输出端 V0 对地跨接虚拟电压表，用于观察输出电压。

用 Proteus 软件进行仿真，可以测出该电路的输出电压，如图 7-59 所示。由图可见，图中虚拟电压表显示+9.34V，此值近似为输入电压 5V 的 2 倍（此电路的理论输出值为 V0 = 2×VCC-2×VD，其中 VD 是二极管的管压降）。

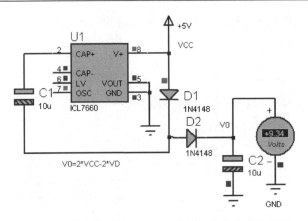

图 7-59　输出倍压的 ICL7660 应用电路的仿真电路图

【例 7.36】图 7-60 所示为同时输出负压和正倍压的 ICL7660 应用电路的仿真电路图。图中：C1＝C2＝C3＝C4＝10μF；D1、D2 均为 1N4148；ICL7660 的第 3 脚接地；用两个虚拟电压表观察输出电压。

用 Proteus 软件进行仿真，可以测出该电路的输出电压，如图 7-60 所示。由图可见，两个虚拟电压表分别显示−5.00V 和+9.34V。在这两个电压值中，一个为输入电源的负电压，另一个为输入电源的正倍压。后者的理论值为 V0＝2×VCC−2×VD（其中，VD 是二极管的管压降）。

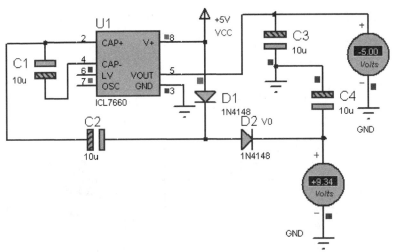

图 7-60　同时输出负压和正倍压的 ICL7660 应用电路的仿真电路图

【例 7.37】图 7-61 所示为通过两个 ICL7660 级联输出负倍压的仿真电路图。图中：C1＝C2＝C3＝C4＝10μF；U1 的第 3 脚接地，U1 的第 5 脚与 U2 的第 3 脚连接；虚拟电压表接在 U2 的输出引脚（第 5 脚）上，用于观察输出电压。

用 Proteus 软件进行仿真，可以测出该电路的输出电压，如图 7-61 所示。由图可见，虚拟电压表显示−9.95V，此值为输入电压+5V 的负倍压值。

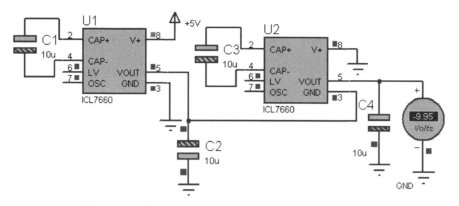

图 7-61　通过两个 ICL7660 级联输出负倍压的仿真电路图

7.4.2　MAX1722/MAX1723/MAX1724

MAX1722/MAX1723/MAX1724 是一种紧凑、高效、升压型 DC/DC 变换器，它采用 5 引脚 TSOT 小尺寸封装，具有低至 $1.5\mu A$ 的静态电源电流，非常适合需要极低静态电流和超小尺寸的应用。MAX1722/MAX1723/MAX1724 均具有 0.5Ω 的 N 沟道功率开关管，MAX1722/MAX1724 还采用了专用的噪声抑制电路，可有效降低在许多升压电路中电感产生的电磁干扰（EMI）。该系列产品提供固定或可调输出、关断、EMI 抑制等不同特性的组合。

MAX1724 是固定输出（如 MAX1724EZK50 固定输出 5V），MAX1722/MAX1723 有可调输出。图 7-62 所示为 MAX1724 的引脚图。表 7-5 列出了 MAX1724 的引脚功能。图 7-63 所示的是 MAX1724 的典型应用接法。

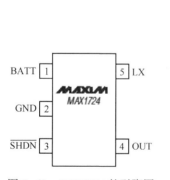

图 7-62　MAX1724 的引脚图

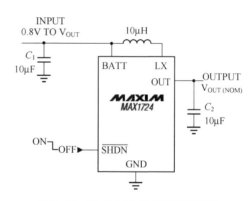

图 7-63　MAX1724 的典型应用接法

表 7-5　MAX1724 的引脚功能

引脚号	引脚符号	引脚功能
1	BATT	外部电池电压输入端，接内部电压比较器的同相输入端，其反相输入端接固定的 1.3V
2	GND	接地
3	$\overline{SHDN}$	关断控制端。当该端接高电位时，正常工作；当该端处于低电位时，输出电压为 0V
4	OUT	电压输出端
5	LX	用于接电感器的一端

【例 7.38】 图 7-64 所示为采用 MAX1724EZK50 构成的 5V 电压输出电路的仿真电路图。图中：输入电压为+5.5V；C1 = 1nF，L1 = 10μH；MAX1724 的第 3 脚接+1.5V 电池；用虚拟电压表观察输出电压。

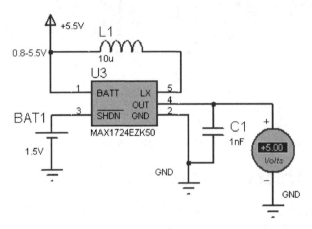

图 7-64　采用 MAX1724EZK50 构成的 5V 电压输出电路的仿真电路图

用 Proteus 软件进行仿真，可以测出该电路的输出电压，如图 7-64 所示。由图可见，虚拟电压表显示+5.00V。通过实验可以发现，只要输入电压在 0.8～5.5V 范围内，其输出电压都是+5.00V。

 ## 7.5　TLE2425/TLE2426

TLE2425/TLE2426 是精密虚地芯片，又称电源分离器。"虚地"主要是针对单电源运放来说的，是为了提高对共模信号和噪声的抑制能力而引入的（一般虚地取 VCC/2 的电势），因此"虚地发生器"的名词就这样诞生了。

在模拟电路设计中，经常会遇到电路需要双电源，但只能使用单电源来供电的情况。此时，需要"分开"单电源，让这个单电源工作得像双电源那样。

TLE2425/TLE2426 可以将一个单电源"分成"两个，因而可以得到两个电源端和一个地。它基本上是一个增强的分压电路。

TLE2425 的输入电压范围为+4～+40V，能产生一个+2.5V 固定电压输出。图 7-65 所示的是 TLE2425 的封装形式及引脚图。

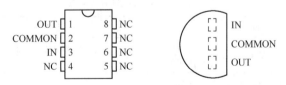

图 7-65　TLE2425 的封装形式及引脚图

TLE2426 的输入电压范围为+4～+40V，其输出电压是电源电压的一半。图 7-66 所示的是 TLE2426 的封装形式及引脚图。

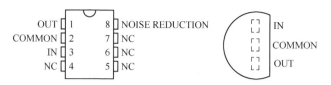

图 7-66 TLE2426 的封装形式及引脚图

【例 7.39】 图 7-67 所示为采用 TLE2425 构成的 +2.5V 固定电压输出电路的仿真电路图。图中：输入电压为 +5V；TLE2425 的第 2 脚接地，第 1 脚接虚拟电压表用于观察输出电压。

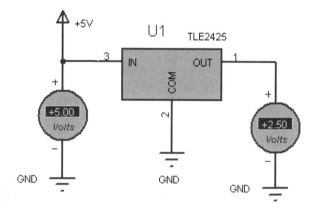

图 7-67 采用 TLE2425 构成的 +2.5V 固定电压输出电路的仿真电路图

用 Proteus 软件进行仿真，可以测出该电路的输出电压，如图 7-67 所示。由图可见，虚拟电压表显示 +2.50V。

【例 7.40】 图 7-68 所示为采用 TLE2426 构成的一半电源电压输出电路的仿真电路图。图中：输入电压为 +20V；TLE2426 的第 2 脚接地；第 8 脚（NOISE R）和地之间跨接 C1，C1＝1μF；第 1 脚（OUT）接虚拟电压表，用于观察输出电压。

用 Proteus 软件进行仿真，可以测出电路的输出电压，如图 7-68 所示。由图可见，虚拟电压表显示 +10.1V，这个值恰好是电源电压 +20V 的一半。通过实验可以发现，在 +4～+40V 范围内改变输入电压时，输出电压总是输入电压的一半。

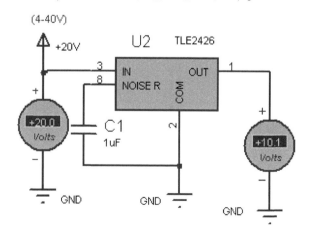

图 7-68 采用 TLE2426 构成的一半电源电压输出电路的仿真电路图

参 考 文 献

[1] 杨素行. 模拟电子技术基础简明教程 [M]. 3 版. 北京：高等教育出版社，2006.

[2] 华成英，等. 模拟电子技术基础 [M]. 4 版. 北京：高等教育出版社，2006.

[3] 王可恕. 模拟集成电路原理和应用 [M]. 北京：电子工业出版社，2009.

[4] 吴少军，等. 实用低功耗设计——原理、器件与应用 [M]. 北京：人民邮电出版社，2003.

[5] 林凌，等. 放大器基础知识与运算放大器应用 800 问 [M]. 北京：电子工业出版社，2015.

[6] 杜树春. 基于 Proteus 和 Keil C51 的单片机设计与仿真 [M]. 北京：电子工业出版社，2012.

[7] 杜树春. 基于 Proteus 的数字集成电路快速上手 [M]. 北京：电子工业出版社，2012.

[8] 杜树春. 基于 Proteus 的模拟电路分析与仿真 [M]. 北京：电子工业出版社，2013.

[9] 杜树春. 基于 Proteus 的电路基础知识快速入门 [M]. 北京：电子工业出版社，2014.

[10] 杜树春. 51 单片机开发快速上手 [M]. 北京：电子工业出版社，2015.

[11] 杜树春. 集成运算放大器应用经典实例 [M]. 北京：电子工业出版社，2015.

[12] 杜树春. 集成运算放大器及其应用 [M]. 北京：电子工业出版社，2018.

反侵权盗版声明

电子工业出版社依法对本作品享有专有出版权。任何未经权利人书面许可，复制、销售或通过信息网络传播本作品的行为；歪曲、篡改、剽窃本作品的行为，均违反《中华人民共和国著作权法》，其行为人应承担相应的民事责任和行政责任，构成犯罪的，将被依法追究刑事责任。

为了维护市场秩序，保护权利人的合法权益，本社将依法查处和打击侵权盗版的单位和个人。欢迎社会各界人士积极举报侵权盗版行为，本社将奖励举报有功人员，并保证举报人的信息不被泄露。

举报电话：（010）88254396；（010）88258888

传　　真：（010）88254397

E-mail：dbqq@ phei. com. cn

通信地址：北京市海淀区万寿路 173 信箱

　　　　　电子工业出版社总编办公室

邮　　编：100036